测绘地理信息"岗课赛证"融通系列教材

激光点云测量

主编　陈琳　刘剑锋　张磊　孙乾

WUHAN UNIVERSITY PRESS
武汉大学出版社

图书在版编目（CIP）数据

激光点云测量/陈琳等主编.—武汉：武汉大学出版社,2022.8（2024.2
重印）
测绘地理信息"岗课赛证"融通系列教材
ISBN 978-7-307-23166-5

Ⅰ.激…　Ⅱ.陈…　Ⅲ.激光雷达测距系统—高等职业教育—教材
Ⅳ.TN953

中国版本图书馆 CIP 数据核字（2022）第 126177 号

责任编辑:王　荣　　　责任校对:李孟潇　　　　版式设计:韩闻锦

出版发行:**武汉大学出版社**　（430072　武昌　珞珈山）
（电子邮箱:cbs22@whu.edu.cn　网址:www.wdp.com.cn）
印刷:湖北金港彩印有限公司
开本:787×1092　1/16　印张:12　字数:277 千字　插页:1
版次:2022 年 8 月第 1 版　　2024 年 2 月第 2 次印刷
ISBN 978-7-307-23166-5　　定价:35.00 元

测绘地理信息"岗课赛证"融通系列教材

编审委员会

主　任：马　超　　广州南方测绘科技股份有限公司
副主任：赵文亮　　昆明冶金高等专科学校
　　　　陈传胜　　江西应用技术职业学院
　　　　陈锡宝　　上海高职高专土建类专业教学指导委员会
　　　　陈　琳　　黄河水利职业技术学院
　　　　吕翠华　　昆明冶金高等专科学校
　　　　速云中　　广东工贸职业技术学院
　　　　李长青　　北京工业职业技术学院
　　　　李天和　　重庆工程职业技术学院
　　　　王连威　　吉林交通职业技术学院
　　　　郭宝宇　　广州南方测绘科技股份有限公司
委　员：（主任、副主任委员名单省略）
　　　　冯　涛　　昆明铁道职业技术学院
　　　　周金国　　重庆工程职业技术学院
　　　　刘剑锋　　黄河水利职业技术学院
　　　　万保峰　　昆明冶金高等专科学校
　　　　赵小平　　北京工业职业技术学院
　　　　侯林锋　　广东工贸职业技术学院
　　　　董希彬　　广州南方测绘科技股份有限公司
　　　　张少铖　　广州南方测绘科技股份有限公司
　　　　张　磊　　广州南方测绘科技股份有限公司
　　　　孙　乾　　广州南方测绘科技股份有限公司
　　　　杜卫钢　　广州南方测绘科技股份有限公司
　　　　胡　浩　　广州南方测绘科技股份有限公司
　　　　钟金明　　广州南方测绘科技股份有限公司
　　　　陶　超　　广州南方测绘科技股份有限公司
　　　　张倩斯　　广州南方测绘科技股份有限公司

《激光点云测量》编写委员会

主 编：陈 琳　　　　黄河水利职业技术学院

　　　　刘剑锋　　　　黄河水利职业技术学院

　　　　张 磊　　　　广州南方测绘科技股份有限公司

　　　　孙 乾　　　　广州南方测绘科技股份有限公司

编 委：（主编名单省略）

　　　　邹仁均　　　　成都市勘察测绘研究院

　　　　侯方国　　　　河南测绘职业学院

　　　　益鹏举　　　　河南测绘职业学院

　　　　袁建刚　　　　江苏城乡建设职业学院

　　　　张清波　　　　江苏城乡建设职业学院

　　　　刘 勇　　　　浙江同济科技职业学院

　　　　江金霞　　　　丽水职业技术学院

　　　　魏 斌　　　　吉林交通职业技术学院

　　　　林乐胜　　　　江苏建筑职业技术学院

　　　　刘亚龙　　　　上海城建职业学院

　　　　吴立威　　　　宁波城市职业技术学院

　　　　罗晓峰　　　　浙江工业职业技术学院

　　　　田 方　　　　西安航空职业技术学院

　　　　甄红锋　　　　山东水利职业学院

　　　　魏荣暖　　　　广西自然资源职业技术学院

　　　　胡万志　　　　广西现代职业技术学院

　　　　普 荃　　　　云南交通职业技术学院

　　　　郑 琳　　　　云南农业职业技术学院

　　　　安剑英　　　　云南旅游职业学院

　　　　严 周　　　　云南交通运输职业学院

　　　　李怡彬　　　　玉溪农业职业技术学院

　　　　蒲思蓉　　　　云南林业职业技术学院

　　　　杨坚强　　　　云南交通运输职业学院

前　言

测绘地理信息"岗课赛证"融通系列教材围绕"1+X"（测绘地理信息数据获取与处理、测绘地理信息智能应用）职业技能等级证书标准，引入行业新装备、新技术、新规范，结合实际项目案例，立足培养新型测绘地理信息技能人才。本书为系列教材中的一本，作为激光雷达点云测量教材，旨在为读者提供激光雷达理论知识和激光测量实操相关经验，理论与实践结合，将激光测量这一新型测绘方式学以致用。

近年激光技术、光电探测技术和信号处理技术发展快速，激光雷达已经从地面、空中发展到太空，从陆地、海面发展到海洋深处，凭借着测量精度高、响应速度快、抗干扰性强等优点，广泛应用于数字城市、智慧电力、智慧农林、无人驾驶、高精度电子地图等专业领域，是国家新型基础测绘体系的重要技术手段。

本书以激光雷达技术的理论研究与生产实践为基础，内容包括激光雷达测量基础原理、国内外产品综述、地面站及移动（车载、机载、背包）激光雷达数据采集和处理流程，并结合项目案例介绍了主要的应用方向，内容符合激光点云测量技术发展，满足相关岗位人才技能要求。本书既可以作为职业技能等级证书培训教材，又可用作教学用书，也可作为相关专业和工程技术人员的参考用书。

本书为校企合作开发成果，并参照国家相关职业资格考核标准、行业企业标准等要求编写，由黄河水利职业技术学院陈琳、刘剑锋，广州南方测绘科技股份有限公司张磊、孙乾担任主编，全书共分为 11 章，具体编写分工是：第 1 章、第 2 章、第 11 章由陈琳编写；第 3 章、第 4 章、第 5 章由刘剑锋编写；第 6 章、第 7 章、第 9 章由张磊编写，第 8 章、第 10 章由孙乾编写。全书由陈琳、刘剑锋负责统稿、定稿。在本书编写过程中多名资深教授、高级工程师对本书成稿做了大量指导工作，多位同行对本书提出了宝贵修改建议，在此表示衷心感谢。

本书由马超主审。

感谢丛书教材编审委员会的指导与参编工作。本书在编写过程中，还借鉴和参考了大量文献资料，在此对相关作者表示衷心感谢。

限于编者的水平、经验，书中难免存在不足之处，敬请广大读者批评指正。

编　者

2022 年 1 月

目　录

第1章 绪　论

1.1　激光雷达简介

激光雷达技术是近几十年以来摄影测量与遥感领域中具有革命性的成就之一，是继GPS（Global Positioning System，全球定位系统）发明以来摄影测量与遥感领域的又一里程碑。激光雷达（Light Detection and Ranging，LiDAR，即激光雷达探测及测距）是一种通过发射激光束来探测远距离目标的散射光特性以获取目标物体的精确三维空间信息的光学遥感技术，是传统雷达技术和现代激光技术、信息技术相结合的产物。并且伴随超短脉冲激光技术、高灵敏度高分辨率的弱信号探测技术和高速大量数据采集系统的发展应用，激光雷达以其高测量精度、精确的时空分辨率以及大的探测跨度而成为一种非常重要的主动式遥感工具。

激光雷达能够穿透薄的云雾，获取目标信息，其激光脚点直径较小，且具有多次回波特性，能够穿透树木枝叶间的空隙，获取地面、树枝、树冠等多个高程数据；穿透水体，获得海、河底层地形，精确探测真实地形地面的信息。

激光雷达集激光、大气光学、雷达、光机电一体化和电算等技术于一体，几乎涉及物理学的各个领域，其具有体积小、精度高及抗干扰性强等优点。LiDAR 系统具有全时、全天候、主动、快速、高精度、高密度等测量特点。

激光雷达利用相位、频率、振幅或者偏振来承载目标信息，主要使用的是近红外、可见光及紫外等电磁波段，波长范围从 250nm 到 11μm，比传统雷达使用的微波和毫米波要高出两到四个数量级。又因激光束发散角小、波束窄、能量相对集中，光束本身具有良好的相干性，这样就可以达到非常高的距离分辨率、速度分辨率和角分辨率，使得更小尺度的目标物也能产生回波信号，能够探测微小自然目标，包括大气中的气体浓度和气溶胶等。

激光器、接收器、信号处理单元和旋转机构是激光雷达的四大核心部件，无论是哪种类型的激光雷达基本由上述四种部件构成。

从实际工程和应用角度来说，激光雷达的分类方式繁多，下面主要介绍 5 种分类方式。

1. 按工作介质分类

1）固体激光雷达

固体激光雷达峰值功率高，输出波长范围与现有的光学元件和器件（如调制器、隔离器和探测器）以及大气传输特性相匹配等，而且很容易实现主振荡器-功率放大器（MOPA）结构，再加上效率高、体积小、重量轻、可靠性高和稳定性好等导体，固体

1

激光雷达优先在机载和天基系统中应用。近年来，激光雷达发展的重点是二极管泵浦固体激光雷达。

2）气体激光雷达

气体激光雷达以 CO_2 激光雷达为代表，气体激光雷达所提取的信息反映了 CO_2 气体对激光脉冲能量的吸收。它工作在红外波段，大气传输衰减小，探测距离远，已经在大气风场和环境监测方面发挥了很大作用。但气体激光雷达体积大，使用的中红外 HgCdTe 探测器必须在 77K 温度下工作，限制了气体激光雷达的发展。

3）半导体激光雷达

半导体激光雷达能以高重复频率方式连续工作，具有长寿命、小体积、低成本和对人眼伤害小的优点，被广泛应用于后向散射信号比较强的 Mie 散射测量，如探测云底高度。半导体激光雷达的潜在应用是测量能见度，获得大气边界层中的气溶胶消光廓线和识别雨雪等，易于制成机载设备。目前芬兰 Vaisala 公司研制的 CT25K 激光测云仪是半导体测云激光雷达的典型代表，其云底高度的测量范围可达 7500m。

2. 按线数分类

1）单线激光雷达

单线激光雷达主要用于规避障碍物，其扫描速度快、分辨率强、可靠性高。由于单线激光雷达比多线和 3D 激光雷达在角频率和灵敏度反应方面更加快捷，所以在测试周围障碍物的距离和精度上都更加精确。但是，单线雷达只能平面式扫描，不能测量物体高度，有一定局限性。当前单线激光雷达主要应用于服务机器人，如我们常见的扫地机器人。

2）多线激光雷达

多线激光雷达主要应用于汽车的雷达成像。相比单线激光雷达，多线激光雷达在维度提升和场景还原上有了质的改变，可以识别物体的高度信息。多线激光雷达常规是 2.5D，也可以做到 3D。目前在国际市场上推出的主要有 4 线、8 线、16 线、32 线和 64 线，但价格高昂，大多汽车制造商不会选用。

3. 按机械结构方式分类

1）机械旋转式激光雷达

机械旋转式激光雷达是发展比较早的激光雷达，目前技术比较成熟，但机械旋转式激光雷达系统结构十分复杂，且各核心组件价格也颇为昂贵，其中主要包括激光器、扫描器、光学组件、光电探测器、接收 IC 以及位置和导航器件等。机械激光雷达体积更大，总体来说价格更昂贵，但测量精度相对较高。

2）固态激光雷达

固态激光雷达无需机械旋转部件，通过光学相控阵列（Optical Phased Array）、光子集成电路（Photonic IC）以及远场辐射方向图（Far Field Radiation Pattern）等电子部件代替机械旋转部件实现发射激光角度的调整。固态激光雷达尺寸较小，成本低，但测量精度相对也会低一些。

4. 按探测方式分类

1）直接探测型激光雷达

直接探测型激光雷达的基本结构与激光测距机颇为相近。工作时，由发射系统发送一个信号，经目标反射后被接收系统收集，通过测量激光信号往返传播的时间而确定目标的距离。至于目标的径向速度，则可以由反射光的多普勒频移来确定，也可以测量两个或多个距离，并计算其变化率而求得速度。

2）相干探测型激光雷达

相干探测型激光雷达有单稳与双稳之分，在单稳系统中，发送与接收信号共用一个光学孔径，并由发送-接收开关隔离。而双稳系统包括两个光学孔径，分别供发送与接收信号使用，发送-接收开关自然不再需要，其余部分与单稳系统相同。

5. 按激光发射波形分类

1）连续型激光雷达

从激光的原理来看，连续激光就是一直有光出来，就像打开手电筒的开关，它的光会一直亮着（特殊情况除外）。连续激光是依靠持续亮光到待测高度，进行某个高度下数据采集。由于连续激光的工作特点，某时某刻只能采集到一个点的数据。因为风数据的不确定性，用一点代表某个高度的风况，显然有些片面。因此有些厂家折中的办法是采取旋转360°，在这个圆边上面采集多点进行平均评估，显然这是一个虚拟平面中的多点统计数据的概念。

2）脉冲型激光雷达

脉冲激光雷达输出的激光是不连续的，而是一闪一闪的。脉冲激光的原理是发射几万个的激光粒子，根据国际通用的多普勒原理，从这几万个激光粒子的反射情况来综合评价某个高度的风况，这是一个立体的概念，因此才有探测长度的理论。从激光的特性来看，脉冲激光要比连续激光测量的点位多几十倍，更能够精确地反映某个高度风况。

除此之外，还有很多其他分类方式：按照激光波段来分，有紫外激光雷达、可见激光雷达和红外激光雷达等；按功能用途来分，有激光测距雷达、激光测速雷达、激光测角和跟踪雷达、激光成像雷达、大气探测激光雷达和生物激光雷达等。

本书第3章以不同载荷平台的分类方式为例，详细介绍星载、机载、车载、地面站、背包、手持等各类激光雷达的发展及应用。

随着激光技术、光电探测技术和信号处理技术的快速发展，激光雷达已经从地面、空中发展到太空，从陆地、海面发展到海洋深处，涉及非常多的交叉学科领域，并且广泛应用于国防军事、工农业生产、医学卫生和科学研究等各个领域，主要用于测距、大气监测、气象观测、生态环境监测、战场侦察等方面。

1.2 激光雷达测距原理

1.2.1 三角测距法

1. 三角测距法基本原理

三角法的原理如图1.1所示，激光器发射激光，在照射到物体后，反射光由线性CCD接收，由于激光器和探测器间隔了一段距离，所以依照光学路径，不同距离的物体将会成像在CCD不同的位置上。按照三角公式进行计算，就能推导出被测物体的距离 D。

$$D = \frac{f(L + d)}{d} \qquad (1.1)$$

式中，f 为接收透镜的焦距；L 为发射光路光轴与接收透镜主光轴之间的偏移（即基线距离）；d 为在接收 CCD 上的位置偏移量。CCD 是 Charge Coupled Device（电荷耦合器件）的缩写，它是一种半导体成像器件。CCD 在摄像机、数码相机和扫描仪中应用广泛，尤其是光学遥测技术、光学与频谱望远镜和高速摄影技术，如 Lucky Imaging。只不过摄像机中使用的是点阵 CCD，即包括 x、y 轴两个方向用于摄取平面图像，而扫描仪中使用的是线阵 CCD，它只有 x 轴一个方向，y 轴方向扫描由扫描仪的机械装置来完成，如图 1.1 所示。

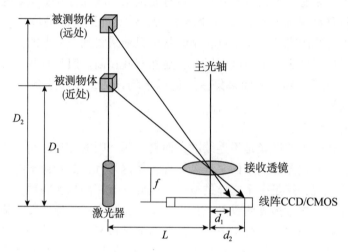

图 1.1 三角测距原理示意图

2. 三角法测距分辨率

当 CCD 感应分辨率为 $\delta_d = d_2 - d_1$ 时，测距分辨率为

$$\delta_D = D_2 - D_1 = \frac{f(L + d_2)}{d_2} - \frac{f(L + d_1)}{d_1}$$

$$= \frac{f(L d_1 + d_2 \cdot d_1 - L d_2 - d_1 \cdot d_2)}{\dfrac{d_1}{d_2}}$$

$$= f \cdot L \cdot \frac{\dfrac{d_1 - d_2}{d_1}}{d_2} \approx \frac{f \cdot L \cdot \delta_d}{d_2} \qquad (1.2)$$

当 d 远小于 L 时，有 $d \approx fL/D$，因此

$$\delta_D \approx f \cdot L \cdot \frac{\delta_d}{fL^2} \cdot D^2 = \delta d \cdot \frac{D^2}{fL} \qquad (1.3)$$

从上述公式可以看出，随着偏移量的增加，即距离的增加，测距的分辨率成二次指

数形式恶化，因此三角法测距对远距离测距精度较差。所以，三角雷达在标注精度时往往采用百分比的标注（常见的如 1%），那么在 20m 的距离时最大误差就为 20cm。

在实际应用中，为了提高距离分辨率，以及充分利用线阵图像传感器的像素资源，通常将发射光路光轴与接收透镜主光轴布置成一定斜角（而非图 1.1 所示的平行关系），但相似三角形的基本原理并无变化。

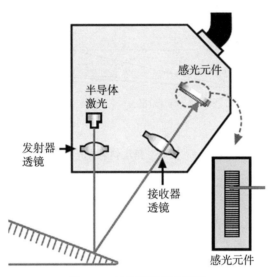

图 1.2　三角测距基本原理

3. 斜射式激光三角测距法

当光路系统中，激光入射光束与被测物体表面法线夹角小于 90° 时，该入射方式即为斜射式。如图 1.3 所示的光路图为激光三角法斜射式光路图。

由激光器发射的激光与物体表面法线成一定角度入射到被测物体表面，反（散）射光经 B 处的透镜汇聚成像，最后被光敏单元采集。

由图 1.3 可知，入射光 AO 与基线 AB 的夹角为 α，AB 为激光器中心与 CCD 中心的距离，BF 为透镜的焦距 f，D 为被测物体距离基线无穷远处时反射光线在光敏单元上成像的极限位置。DE 为光斑在光敏单元上偏离极限位置的位移，记为 x。当系统的光路确定后，α、AB 与 f 均为已知参数。由光路图中的几何关系可知 $\triangle ABO \backsim \triangle DEB$，则有边长关系：

$$\frac{AB}{DE} = \frac{OC}{BF} \qquad AO = \frac{OC}{\sin\alpha} \tag{1.4}$$

则易知

$$AO = \frac{AB \cdot f}{x \cdot \sin\alpha} \tag{1.5}$$

在确定系统的光路时，可将 CCD 位置传感器的一个轴与基线 AB 平行（假设为 y 轴），则通过算法得到的激光光点像素坐标为 (P_x, P_y)，可得到 x 的值为

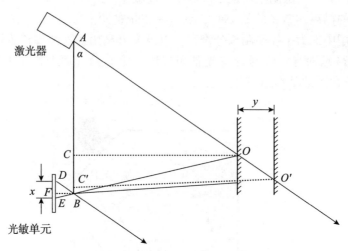

图 1.3 激光三角法斜射式光路图

$$x = \text{CellSize} \cdot P_x + \text{DeviationValue} \tag{1.6}$$

式中，CellSize 是光敏单元上单个像素的尺寸；DeviationValue 是通过像素点计算的投影距离和实际投影距离 x 的偏差量。当被测物体与基线 AB 产生相对位移时，x 改变为 x'，由以上条件可得被测物体运动距离 y 为

$$y = \frac{AB \cdot f \cdot \dfrac{x}{x'}}{x \cdot x'} \tag{1.7}$$

1.2.2 TOF 法

TOF 法基本原理：TOF（Time of Flight，时差法）是飞行时间法，它的基本原理是激光器连续发射出脉冲激光信号，激光信号打到被探测物体表面后再返回到接收器，通过测量脉冲信号发射到回收的时间，来反推激光器到被探测物体的距离。

TOF 法根据调制方式不同可分为脉冲调制法和相位法。

1. 脉冲调制法

脉冲调制法又称 DTOF，全称是 Direct Time of Flight。顾名思义，DTOF 直接测量飞行时间。DTOF 核心组件包含垂直腔面发射激光器 VCSEL（Vertical Cavity Surface Emitting Laser）、单光子雪崩二极管 SPAD（Single Photon Avalanche Diode）和时间数字转换器 TDC（Time Digital Converter），如图 1.4 所示。SPAD 是一种具有单光子探测能力的光电探测雪崩二极管，只要有微弱的光信号就能产生电流。因此，不需要复杂的脉冲鉴别电路。

DTOF 模组的 VCSEL 向场景中发射脉冲波，SPAD 接收从目标物体反射回来的脉冲波。TDC 能够记录每次接收到的光信号的飞行时间，也就是发射脉冲和接收脉冲之间的时间间隔。DTOF 会在单帧测量时间内发射和接收 N 次光信号，然后对记录的 N 次飞

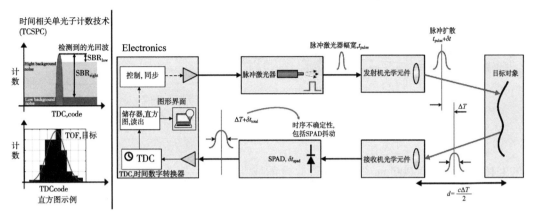

图 1.4　DTOF 工作示意图

行时间做直方图统计，其中出现频率最高的飞行时间 t 用来计算待测物体的深度。图
1.5 是 DTOF 单个像素点记录的光飞行时间直方图，其中，高度最高的柱对应的时间就
是该像素点的最终光飞行时间。

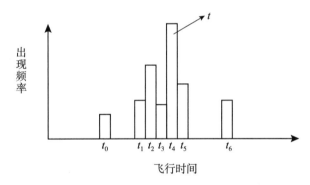

图 1.5　DTOF 单个像素点记录的光飞行时间直方图

　　由于光的飞行速度极快，因此该方案需要一个非常精细的时钟电路［通常是皮秒
（ps）级，$1ps = 10^{-3}ns$］和脉宽极窄的激光发射电路（通常是纳秒级），因此开发难度
和门槛较高，但一般采用该原理的激光雷达通常能达到百米级别的探测距离（图 1.6）。
　　除了对时钟同步有非常高的精度要求以外，DTOF 对脉冲信号的精度也有很高的要
求。发射端需要产生高频、高强度脉冲，接收端需要敏锐接收长测距或低反射物体反射
回来的微弱信号，这就对发射和接收端的电子元器件提出更高的要求。
　　脉冲激光具有峰值功率大的特点，这使它能够在空间中传播很长的距离，所以脉冲
激光测距法可以对很远的目标进行测量。目前人类历史上最远的激光测量距离是地球和
月球之间的距离，采用的就是脉冲激光测距法。自 2019 年 6 月以来，我国天琴计划团
队已经多次成功实现地月距离的测量，通过对脉冲飞行时间的精确计时，得到地月距离

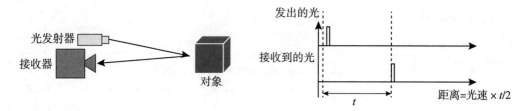

图 1.6　脉冲法测距示意图

在 351000km 到 406000km（椭圆轨道）之间波动。

2. 相位法

相位法，是通过求解发射波和接收波的相位差来反推被测物体与激光之间的距离。而且这个相位并非光的原始相位，而是被调制的光强的相位。具体来讲，就是对发射光波的光强进行调制，通过测量相位差来间接测量时间，较直接测量往返时间的处理难度降低了许多。测量距离可表示为

$$2L = \phi \cdot c \cdot \frac{T}{2\pi 2L} = \phi \cdot c \cdot \frac{T}{2\pi} \tag{1.8}$$

式中，L 为测量距离；c 为光在空气中传播的速度；T 为调制信号的周期时间；ϕ 为发射与接收波形的相位差（图 1.7）。

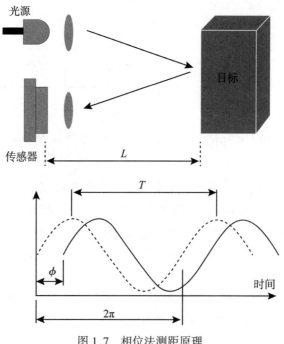

图 1.7　相位法测距原理

在实际的单一频率测量中，只能分辨出不足 2π 的部分而无法得到超过一个周期的测距值。对于采用单一调制频率的测距仪，当选择调制信号的频率为 100kHz 时，所对应的测程就为 1500m，也即当测量的实际距离值在 1500m 之内时，得到的结果就是正确的，而当测量距离大于 1500m 时，所测得的结果只会在 1500m 之内，此时就出现错误。

所以，在测量时需要根据最大测程来选择调制频率。当所设计的系统测相分辨率一定时，选择的频率越小，所得到的距离分辨率越高，测量精度也越高。即在单一调制频率的情况下，大测程与高精度是不能同时满足的。

通常适应于中短距离的测量，测量精度可达毫米、微米级，也是目前测距精度最高的一种方式，大部分短程测距仪都采取这种工作方式。但是由于相位式测距发射的激光为连续波，这使得它的平均功率远低于脉冲激光的峰值功率，因而无法实现远距离目标的探测。我们生活中常用的手持式激光测距仪大多采用相位激光测距的方法。

1.3 激光雷达的优势和缺点

1.3.1 激光雷达的优势

激光雷达测量技术的发展历史虽然不长，但已经引起人们的广泛关注，成为国际社会研究开发的重要技术之一。同其他常规技术手段相比，激光雷达技术具有其自身独特的优越性，主要表现在以下几方面。

（1）体积小、质量轻：相比普通雷达以吨计重量、复杂构造、庞大体积，激光雷达有利于运输与维修，架设、拆收都很方便，在战争中不会被敌军轻易发现、破坏。因其质量轻、体积小的特点，对载体平台要求更低，普遍可安装在飞行器机体上，不占用太多空间就可对地面进行低空探测。

（2）隐蔽性好，抗干扰能力强：激光沿直线传播，传播路径确定，具有方向性好、光束窄的特点，想要发现和截获激光信号非常困难，且不需要普通雷达大的发射和接收口径。

（3）数据密度高：点云之间的采集间距可达毫米级，有利于真实物体表面信息的模拟。

（4）植被穿透力强：激光雷达的激光脉冲信号部分能穿过植被，快速获得高精度和高空间分辨率的森林覆盖区的真实数字地表模型。

（5）不受阴影和太阳高度角影响：以主动测量方式、采用激光测距方法，不依赖自然光；因太阳高度角、植被、山岭等影响，在传统航测往往无能为力的阴影地区，激光雷达获取数据的精度不受其影响，可全天候作业。

1.3.2 激光雷达的缺点

1. 激光雷达的缺点

（1）工作时受天气和大气影响大。激光一般在晴朗的天气里衰减较小，传播距离较远，而在大雨、浓烟、浓雾等不良天气条件下，衰减急剧加大，传播距离大受影响。如工作波长为 10.6μm 的 CO_2 激光，是所有激光中大气传输性能较好的，在不良天气中传播的衰减是晴天的 6 倍。地面或低空使用的 CO_2 激光雷达的作用距离，晴天为 10～20km，而不良天气则降至 1km 以内。而且大气环流还会使激光光束发生畸变、抖动，直接影响激光雷达的测量精度。

（2）由于激光雷达的波束极窄，在空间搜索目标非常困难，直接影响对非合作目标的截获概率和探测效率，只能在较小的范围内搜索、捕获目标，因而激光雷达较少单独直接应用于战场进行目标探测和搜索。

2. 激光雷达数据处理需要解决的关键问题

抛开激光雷达硬件设备自身属性方面的问题，在数据的共性应用软件方面，如数据管理、共享、分析与应用中，也存在诸多困难需要克服，综合主流技术观点，激光雷达数据处理需要解决的关键问题有以下 4 个方面。

（1）数据处理平台的多源、时空数据融合能力。从以上应用场景来看，激光雷达虽然单点能力很强，但静态、单数据源能力依然有限，需要融合多源（遥感、GIS 等）、多时相地理空间数据综合管理应用，才能更好地实现信息提取、目标识别和变化检测等功能，同时高效构建场景级、行业级与城市级的数字孪生综合管理应用。

（2）分布式、高性能数据处理引擎。激光雷达数据体量大，文件多达 GB 级，在高精度地图中，甚至高达 TB、PB 级数据量，在处理时需要充分发挥 GPU、集群等硬件性能，以及好的数据组织、优化算法等；更重要的是，在自动驾驶和数字孪生时代下，雷达激光数据需要完善基于云的分布式存储，实时更新分发机制，这样才能保证数据处理与共享快速、高效，充分发挥 LiDAR 技术高精度空间构建能力的优势。

（3）数据标准与数据产品自动化生产能力。LiDAR 数据是基础测绘地理信息产品的重要"素材"，也是新型地理信息产品，如高精度地图的重要"原料"。因此，研制好算法，提供自动化、少人工干预的交互工具、质量检查方法，在行业内形成统一的数据生产标准等，是完善 LiDAR 数据技术的重要趋势。

（4）多维度空间分析应用。LiDAR 数据已经能够生产所有的基础测绘产品，同时支持三维内容场景的构建，但还未充分发挥其空间分析交互特性与业务数字化深入结合的能力，这也是重大挑战，不仅需要在理论和算法上创新，更需要深入行业，掌握行业应用的需求和规律，实现雷达激光技术发展驱动与政企业务数字化转型需求结合的创新，例如自然灾害风险评估、数字城市虚实映射空间桥接等。

1.4　激光雷达测量技术发展概况

1.4.1　激光雷达技术的发展

激光雷达扫描技术在国内起步较晚，中国测绘应用研究所李树凯教授于 1996 年研制了成像系统原理样机——机载激光扫描测距系统。该系统与国际上流行的机载激光扫描测距系统有很大区别，它将多光谱扫描成像仪与激光扫描仪共用一套光学系统，利用硬件设备来实现数字高程模型与遥感影像的高精度配准，将其用于直接获取地学编码影像，但该系统离实用阶段还有一段距离。武汉大学李清泉教授团队研制了地面激光扫描测距系统，但并没有将定位定向 POS 系统集成于一体。

目前国内的激光雷达应用方向主要集中于以下几个方面：①主要集中于误差分析、坐标转换、精度评定等方面的激光点云数据预处理及精度方面的分析；②集中于地形研究、森林研究、房屋重建、电力巡线等方面的激光雷达数据应用研究；③LiDAR 数据与其他数据的融合研究，主要集中于 LiDAR 数据与已有的 DEM、DSM、DOM 等数据的联合研究。

广州南方测绘科技股份有限公司（以下简称南方测绘）多年来一直致力于激光雷达的全面国产化，并取得了一定成就，第 4 章将为读者详细描述市场上几种常用的激光雷达产品。

国内的激光雷达市场目前还处于早期阶段，在今后的一段时间内，激光雷达的研究工作将主要集中在不断开发新的产品形态、融合多元数据和不断探索新的工作场景、用途等方面。随着 MEMS 技术、图像处理算法等技术的应用与创新，以及电子元器件采购成本的下降，激光雷达系统的发展趋势是高精度、小体积、低成本。

国外对激光雷达的研究和应用相比国内更加广泛。除了我们在国内接触较多的测绘级、车规级激光雷达，国外开发了更多的应用方向。如：侦察用成像激光雷达和障碍回避激光雷达，可安装在直升机或无人机上，实时显示或回传现场影像；化学/生物战剂探测激光雷达，根据不同化学战剂对特定波长反射和吸收的特性对战剂进行探测、识别；水下探测激光雷达，自动识别水下目标，并实施目标分类和定位；空间监视激光雷达，可进行远距离探测、跟踪和成像，核查轨道上的卫星。

1.4.2 激光雷达技术的应用

激光雷达技术应用领域较为广泛，主要集中在以下几个方面。

1. 激光雷达技术在城市三维建筑模型中的应用

通过机载激光雷达可以快速地完成地面三维空间地理信息的采集，经过处理便可得到具有坐标信息的影像数据。同步利用激光进行三维建筑建模。最后利用专业软件进行纹理面的选择、匀光处理等，将反映建筑现状的影像信息映射在对应的模型上，达到反映城市现状的目的（图 1.8）。

2. 激光雷达技术在大气环境监测中的应用

利用激光雷达可以探测气溶胶、云粒子的分布、大气成分和风场的垂直廓线，对主要污染源可以进行有效监控。当激光雷达发出的激光与这些漂浮粒子发生作用时会发生散射，而且入射光波长与漂浮粒子的尺度为同一数量级，散射系数与波长的一次方成反比，米氏散射激光雷达依据这一性质可完成气溶胶浓度、空间分布及能见度的测定。

3. 激光雷达在油气勘察中的应用

利用遥感直接探测油气上方的烃类气体的异常是一种直接而快捷的油气勘探方法。激光器的工作波长范围广，单色性好，而且激光是定向辐射，具有准直性、测量灵敏度高等优点，使其在遥感方面远优于其他传感器。激光雷达接收系统收集大气尘埃微粒和

图 1.8　数字城市

各种气体分子散射过程中所产生的背向散射光谱，以达到探测大气成分和浓度的目的。

4. 激光雷达应用在汽车及交通运输领域的相关技术

1）自动泊车技术

自动泊车系统一般在汽车前后四周安装感应器，这些感应器既可以充当发送器，也可以充当接收器。它们会发送激光信号，当信号碰到车身周边的障碍物时会反射回来。然后，车载计算机会利用其接收信号所需时间确定障碍物的位置。也有部分自动泊车系统在保险杠上安装摄像头或者雷达来检测障碍物，总的来说，其原理是一样的，汽车会检测到已停好的车辆、停车位的大小以及与路边的距离，然后将汽车驶入停车位。

2）ACC 主动巡航技术

ACC 系统包括雷达传感器、数字信号处理器和控制模块。司机设定预期车速，系统利用低功率雷达或红外线光束得到前车的确切位置，如果发现前车减速或监测到新目标，系统就会发送执行信号给发动机或制动系统来降低车速，使车辆和前车保持一个安全的行驶距离。当前方道路没车时又会加速恢复到设定的车速，雷达系统会自动监测下一个目标。主动巡航控制系统代替司机控制车速，避免频繁地取消和设定巡航控制，使巡航系统适合于更多的路况，为驾驶者提供了一种更轻松的驾驶方式。

3）自动刹车技术

高致死率的汽车交通事故推动了自动紧急制动系统的发展。自动紧急制动系统的监测系统由一个嵌入格栅的雷达、一个安装于车内后视镜前端的摄像头及一个中央控制器组成。雷达监测汽车前方的物体和距离，而摄像头探测物体类型。高清摄像头监测行人和自行车运动轨迹。中央控制器监测全局信息并分析交通状况。当出现状况时发出警示信号提醒司机，若司机未能及时做出反应，系统也将强制控制车辆制动。

4）无人自驾技术

无人自驾系统在车顶安装可旋转激光雷达传感器，持续向四周发射微弱激光束，从而实时勾勒出汽车周围 360° 3D 街景，同时结合 360°摄像头以帮助汽车观察周围环境，系统将收集到的信息进行分析，区分恒定不变的固体（车道分隔、出口坡道、公园长椅等）以及不断移动的物体（受惊的小鹿、行人、迎面而来的车辆等），并将所有的数据都汇总在一起，再根据算法判断周围环境，从而做出相应的反应。

5）汽车快速成型技术

激光雷达扫描系统的快速成型技术主要应用于样件汽车模型的制作和模具的开发，这项技术能够较大地缩短新产品的开发周期，降低了开发的成本，并且能够使新产品的市场竞争力得到提高。还能够应用在汽车的零部件上，多用于分析和检验加工的工艺性能、装配性能、相关的工装模具以及测试运动特性、风洞实验和表达有限元分析结果的实体等。

6）激光雷达与智能交通信号控制

在城市重要交通路口信号控制系统中集成一个地面式三维激光扫描系统，通过激光扫描仪对一定距离的道路进行连续扫描，获得这段道路上实时、动态的车流量点云数据，通过数据处理获得车流量等参数，根据对东西向和南北向车流量大小的比较以及短暂车流量预测，从而自动调节东西向和南北向信号灯周期。

7）激光雷达与交通事故勘查

运用三维激光扫描仪对事故现场进行三维扫描，现场取证，扫描仪的数据能够生成事故现场的高质量图像和细节示意图，便于后期提取调查和法庭审理。

调查表明，用三维激光扫描仪采集事故现场数据平均每次减少90分钟的道路封闭时间。

8）智慧物流

智慧物流也是应用激光雷达最多的行业之一，覆盖从搬运到仓储的全流程，甚至已覆盖港口物流等领域。

在智慧仓储方面，激光雷达可以辅助堆垛机实现货品的自动出入库。将堆垛机搭载激光雷达，可以确保堆垛机移动时精准避障，同时也可用于辅助定位。这类基于堆垛机的立体智慧仓储已经在各类制造业场景，特别是锂电池行业广泛使用（图1.9）。

5. 激光雷达技术在数字电网中的应用

采用激光雷达测量技术，可以快速获取高精度三维地形数据、影像数据、电力线以及线下地物数据，为电网规划、改造、检测和维护应用提供数据基础（图1.10）。

6. 激光雷达技术在数字水利中的应用

以高精度、高分辨率的激光雷达数据为基础，结合互联网和无线通信等现代化手段对中国水利资源进行数据采集、传输、存储和管理，进行洪水分析、生态评估航运调度、水域治理等应用。通过分析研究水利的自然现象，探索其内在规律，为水域治理、开发和管理提供方案和科学依据。

7. 激光雷达技术在数字勘测中的应用

激光雷达测量技术可以为城市建设、工程建设等提供各种比例尺数字形图、影像图、三维地形模型、各类专题图等数据，为城市规划、建设项目的立项，选城论证以及房屋拆迁、用地普查、公共设施配套等提供决策依据和咨询意见并为水文地质地震、环保等综合分析提供参考。利用建设工程竣工测量、地下管线竣工测量、修测等，保证基础地理信息的动态性和现势性。

图 1.9 搬运过程中的堆垛机

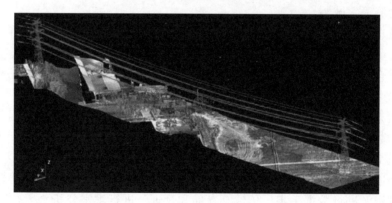

图 1.10 电力巡线

8. 激光雷达技术在古建筑文物保护中的应用

借助于激光雷达测量技术，可以对各种文物古迹，乃至大型建筑物进行扫描和存储，电脑驱动的强大扫描头每秒可以抓取数百幅图像，并且可以在固定的操作架上从不同的角度同时对同一目标进行扫描。

9. 激光雷达技术在林业中的应用

准确的树高、树木密度等信息对于林业资源管理非常重要，而这些数据用常规测量方法获取困难。激光雷达测量系统能获取树冠底部的地形信息以及树高信息，可以分析植被并加以分类，计算树高、树种及木材量，可以动态监测植物的生长情况以及提取林区的真实 DEM。

在林业调查中，激光雷达可用于普查林木特征、监测森林生长，对森林内部信息实现精准掌握。基于森林资源基础底图，通过 LiDAR 数据反演模型，融合遥感影像、DSM、DEM，可得到森林内部的生物量、蓄积量、冠层高度、冠层覆盖度、郁闭度/间隙率、树密度；甚至林区单木的种类、位置、高度；通过进一步处理，得到可视化森林微拓扑（RRIM，浮雕图像），获悉地形特征和潜在风险。大幅减少人工调查工作量，提升林业资源调查的效率和准确度，并解决人员难以到达林区的调查难题。

10. 机器人领域——帮助机器人实现自主定位导航

自主定位导航是机器人实现自主行走的必备技术，不管什么类型的机器人，只要涉及自主移动，就需要在其行走的环境中进行导航定位，但传统的定位导航方法由于智能化水平较低，没有解决定位导航的问题。直至激光雷达的出现，在很大程度上化解了这个难题。机器人采用的定位导航技术是以激光雷达 SLAM 为基础，增加视觉和惯性导航等多传感器融合的方案帮助机器人实现自主建图，路径规划、自主避障等任务，它是目前性能最稳定、可靠性最强的定位导航方法，且使用寿命长，后期改造成本低（图1.11）。

图 1.11　服务机器人

11. 在多媒体交互领域的应用

通过搭载激光雷达，可以实现屏幕互动，即在实际的交互体验中呈现一道不可见的多点触摸墙，使得用户的交互体验更加自然舒适。通过激光雷达扫描的数据，上传到主机去实现交互效果（图1.12）。它作为核心位置检测传感器，可帮助集成系统通过雷达的检测区域，实现各类鼠标事件，进而实现墙面投影互动、地面投影互动、玻璃栈道、景区、儿童娱乐互动等交互娱乐活动。

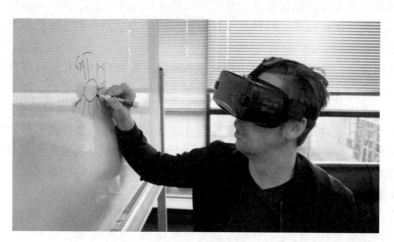

图 1.12　LiDAR 在 VR 上的应用

思考与练习

1. 简述三种激光雷达分类方式及类别。
2. 简述三种激光测距原理。
3. 激光雷达有哪些优势？
4. 国内激光雷达的应用方向主要有哪些？
5. 简述激光雷达的应用领域。

第2章 激光雷达数据的滤波与分类

2.1 激光雷达数据滤波原理

激光雷达数据的处理涵盖多个方面,包括移动测量系统不同传感器的观测值的时间系统同步处理、激光脚点三维坐标计算、坐标系统转换、系统误差改正、粗差剔除、数据滤波分类、DEM/DTM 生成、建筑物三维重建、3D 城市模型构建等。本章主要讨论激光雷达数据后处理过程中的滤波和分类。

实验表明,在许多情况下,如果不融合其他数据源(如影像数据、多光谱数据等),而单独利用激光雷达测量数据进行地物的分类和识别等自动化、智能化的处理具有很大的难度。国内外已有不少人对激光雷达测量数据的滤波和分类算法进行了研究。

激光脚点在三维空间的分布形态呈现随机离散的数据"点云"。在这些点中,有些点位于真实地形表面,有些点位于人工建筑物(房屋、烟囱、塔、输电线等)或自然植被(树、灌木、草)。

从激光脚点数据点云中提取数字高程模型(DEM),需要将其中的地物数据脚点去掉,这就是激光雷达数据的滤波。

如果要进行地物提取和建筑物的三维重建,就需要对激光脚点数据点云进行分类,区分植被数据点和人工地物点,以提取城市建筑物数据点云系列,这即是激光雷达数据分类。

研究如何从激光数据点云中分离出地形表面激光脚点数据子集以及区分不同地物(包括房屋、道路、植被等)激光脚点数据子集,就是激光雷达数据滤波和分类。有时滤波和分类是同时进行的。实际上,就滤波的实际意义来讲,滤波也是一种分类,只不过滤波后只能区分地形表面激光脚点子集和地物脚点子集,而不能进行更详细的分类标识。

数据的滤波和分类主要取决于所采用的扫描技术、测区地形、地物复杂程度和激光脚点的密度。测区地势平坦,地物覆盖稀疏,对滤波算法的性能要求不高,激光脚点的空间分布也可以不要求很密。如果测区地形复杂,地物覆盖密集,就要求滤波算法能根据具体的地形条件自适应地调整,对激光脚点的空间分布密度也有一定的要求,必须保证足够的数据密度。地形的陡然起伏形成的地形表面不连续,滤波和分类处理中很难区分。为此,必须设计一套算法用于对数据进行智能化的滤波和分类处理,所设计的滤波分类算法应满足以下条件:①进行滤波时,尽可能保留重要的地形特征信息,如山脊、山谷、沟坎等;②应尽量减少分类误差,主要是两类误差,一是拒绝了本属于地形表面的激光脚点，二是接受了不属于地形表面的激光脚点。

滤波的基本原理是基于邻近激光脚点间的高程突变（局部不连续），此类高程突变一般不是由地形的陡然起伏所造成的，通常较高点是某些非地表的地物点。即使高程突变是由地形变化引起的，就一个区域来讲，其表现形态也不会相同，陡坎只引起某个方向的高程突变，而房屋所引起的高程突变在四个方向都会形成阶跃边界。

在同一区域一定范围大小内，地形表面激光脚点的高程和邻近地物（房屋、树木、电线杆等）的激光脚点高程变化显著，在房屋边界更为明显，局部高程不连续的外围轮廓就反映了房屋的形状。当激光雷达扫描到枝叶繁茂的参天大树时，激光脚点间的高程也会出现局部不连续的情况，其表现形态却与前者有显著差异。两邻近点间的距离越近，两点高差越大，较高点位于地形表面的可能性就越小。因此，判断某点是否位于地形表面时，要对比该点到参考地形表面点的距离。随着两点间距离的增加，判断的阈值也应放宽。这主要是为了同时考虑地形起伏产生的高程变化。两地面点间的距离越远，平地间地形起伏不大，但在山区自然高差（地形变化形成的高差）就会越大。常用的滤波分类算法的数据处理的流程见图 2.1。

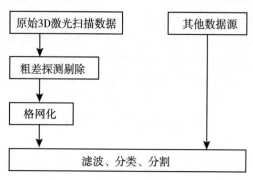

图 2.1　点云滤波分类算法处理流程

2.2　激光雷达数据滤波方法综述

2.2.1　数学形态学方法

形态学是基于集合论的处理图像算法，它的基本思想是采用具有一定形态的结构元素度量和提取图像中的对应形状，以达到对图像分析和识别的目的，即由局部到整体。

为了将形态学算法应用于 LiDAR 数据滤波，进行如下定义。

设 LiDAR 观测值序列为 $p(x, y, z)$，则 p 点的膨胀运算定义为

$$d_p = \frac{\max(z_p)}{(x_p, \ y_p)\varepsilon\omega} \tag{2.1}$$

式中，$(x_p, \ y_p, \ z_p)$ 代表 p 点的邻域点，窗口大小为 ω，也称为结构元素的尺寸。结构元素可以是一维的直线，也可以是二维的矩形或其他形状。膨胀算法的结果是邻域窗口中

的最大高程值。

同理，腐蚀算法的定义为

$$d_p = \frac{\min(z_p)}{(x_p,\ y_p)\varepsilon\omega} \tag{2.2}$$

腐蚀算法的结果是邻域窗口中的最小高程。将膨胀和腐蚀进行结合，即可得到直接用于 LiDAR 滤波的开运算和闭运算。开运算是对数据线腐蚀后膨胀，而闭运算反之。

由于 LiDAR 数据的特点，在对离散点云数据进行滤波之前，一般要进行规则格网化，即将数据经内插或重采样获得规则格网数据。生成的规则格网数据结构简单，便于存储，且可采用现有很多处理图像的算法进行基础处理。规则格网化步骤如下。

（1）对离散点云进行计算。①将开运算中的腐蚀和膨胀分开操作。即将离散点作为中间像元，开辟和结构元素大小相同的邻域进行腐蚀算法。在邻域中，选择高程最小的点代替窗口高程进行保存。②然后再对腐蚀后的数据进行膨胀算法，结构元素大小不变，选择膨胀后的最大高程代替邻域的高程进行保存。③将膨胀后的高程与原始高程进行比较，若差值大于阈值，则为非地面点。

（2）规则化后滤波处理。用规则化后的数据进行滤波处理，假定结构元素和阈值条件，进行开运算，并计算运算后的高程与原始高程的插值，若插值小于阈值，则保留为地面点。然后逐渐扩大窗口尺寸，调整阈值，进行上述运算，直至窗口尺寸大于建筑物尺寸为止。

基于形态学的滤波一般采用基础算子的叠加操作，如开运算或闭运算。这两种复合算法在执行过程中，都不同程度地丢失了图像的原始信息。这就意味着算法精度提高依赖于结构元素的选择和初始阈值的给定。但是，确定的结构元素又会将一些不满足结构元素形状、大小的特殊地形去除。

2.2.2 移动窗口滤波法

TopScan 公司的商用软件采用移动窗口的方法进行激光脚点数据的滤波。移动窗口法过滤是利用一个范围合适的移动窗口找最低点计算出一个粗劣的地形模型，过滤掉所有高差（以第一步计算出的地形模型为参考）超出给定阈值的点，计算出一个更精确的 DEM。重复几遍类似操作，在重复计算的过程中，移动窗口不断缩小。窗口最后的大小以及阈值的大小会影响最终结果。窗口过小，有可能导致一些属于大型建筑物的点被判定为地面点；窗口过大，又可能平滑或去掉一些小的地形不连续的部分。最后一步，接收为地面点的阈值设得过大，将导致许多植被点划分为地面点；阈值设得过小，又可能平滑或去掉一些小的地形不连续的部分。显然，这些过滤参数的设置取决于测区的实际地形状况，对于平坦地区、丘陵地区和山区，应该设置不同的过滤参数值。

2.2.3 迭代线性最小二乘内插法

迭代线性最小二乘内插法滤波最初由奥地利维也纳大学的 Kraus 和 Pfeifer 等提出。在该方法中，DEM 内插以及数据过滤同时进行。其核心思想就是基于地物点的高程比对应区域地形表面激光脚点的高程高，线性最小二乘内插后，每个激光脚点的高程的拟合残差（相对于拟合后地形参考面）不服从正态分布，如图 2.2 所示。

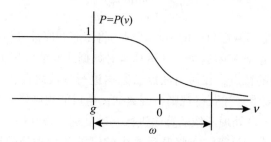

图 2.2 激光脚点高程拟合残差分布情况

高出地面的地物脚点的高程的拟合残差都为正值，且残差较大，该方法需要迭代进行。首先将所有激光脚点的高程观测值按等权计算出初步的曲面模型，该曲面实际上是介于真实地面（DEM）或地物覆盖面（DSM）之间的一个曲面，其结果是拟合后真实地面脚点的残差出现负值的概率大；而植被点的残差有一小部分是绝对值较小的负值，另一部分的残差是正的。然后用这些计算出来的残差 v 给每一个点的高程观测值定权 p。稳健估计的权函数关系式为

$$p_i = \begin{cases} 1, & v_i \leqslant g \\ \dfrac{-1}{1 + a\,(v_i - g)^b}, & g < v_i \leqslant g + \omega \\ 0, & g + \omega < v_i \end{cases} \qquad (2.3)$$

式中，参数 a 和 b 决定于权函数的陡峭程度，如 a、b 分别取 1 和 4；参数 g 选择一个合适的负数，其值可根据残差统计直方图确定，如图 2.3 所示。

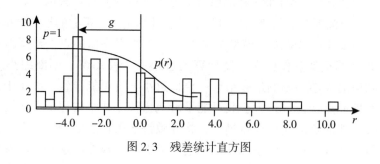

图 2.3 残差统计直方图

计算出每个观测值的权 p 后，就可以进行下一步的迭代计算。其依据是，负得越多的残差对应的点应赋予更大的权，使它对真实地形表面计算的作用更大；而居于中间残差的点赋予小权，使它对真实地形表面计算的作用更小；对于残差大于 $g+\omega$ 的数据点就认为不是地面点，给零权而被剔除掉。

当剔除掉这些非地面点重新计算出地形表面后，可重新计算这些被剔掉的点的残

差，如果其残差落在本次的观测值的吸收域内（$\nu < g + \omega$），那么这些在前一次被判定为非地面点而被剔除的点可重新吸收为地面点。

该方法的缺点是假设地形特征局部水平或点均匀分布。为了保留倾斜地形的地面点，在滤波的过程中，需要不断调整滤波参数，以适应不同类型的地形特征。计算时，整个测区被分成若干块，对于不同的块，a、b、g 的取值应该是自适应的。该方法需进行多次迭代，迭代次数一般为 3~4 次。该方法在地形陡然起伏的地方不适用；大面积的穿透率低的灌木丛可能被处理为真实地面；通常大型建筑物不能被过滤掉；会出现负的粗差，这就意味着有些激光脚点的高程值比对应地面点的高程还要低。由于该方法吸纳这些点为地面点，因此地面模型出现锥尖朝下的锥状误差。产生这种误差的一个原因就是，激光信号经多次反射而被接收，在水域或城区有可能出现这种误差。当然，由于其他方法也是选取高程低的点为地面点，因此也会出现类似的误差。该方法没有考虑地形断裂线，往往使地形的特征边界变得模糊。另外，该方法参数设置复杂，计算时间长。

2.2.4 基于坡度变化的滤波算法

基于坡度变化的滤波算法与数学形态学方法中的腐蚀运算非常相似。根据地形坡度变化确定最优滤波函数，为了保留倾斜地形信息，要适当调整滤波窗口尺寸的大小，并增加筛选阈值的取值，以保证属于地面点的激光点不被过滤掉。当然，这些滤波参数的最优取值应随着地形变化而变化。

其基本思想是：邻近两个激光脚点的高程差异很大时，由地形急剧变化产生的可能性很小，更可能的是其中一点属于地物点。也就是说，相邻两点的高差值超过给定阈值时，两点间距离越小，高程值大的激光脚点属于地面点的可能性就越小。造成相邻两点间高程变化明显的原因可能是两激光脚点分别位于地形表面和植被，或地形表面和其他地物，或树的不同部位，或陡坎的不同部位。该方法是通过比较两点间的高差值的大小来判断拒绝还是接收所选择的点，两点间高差的阈值定义为两点间距离的函数 $\Delta h_{max}(d)$，即所谓的滤波核函数，通常该函数是非递减函数。确定该函数的方法主要有以下两种。

（1）合成函数。假定地形坡度不超过 30%，且观测值没有误差，滤波函数被定义为 $\Delta h_{max}(d) = 0.3d$。通常观测值是有误差的，所以再增加一个置信区间，并假定允许 5% 的具有标准差 σ 的点被拒绝，滤波函数就为

$$\Delta h_{max}(d) = 0.3d + 1.65\sqrt{2}\sigma \tag{2.4}$$

（2）保留重要地形特征。在绝大多数情况下，很难用一些参数来指定具体的滤波函数，而需要根据具体的地形训练数据子集推求与地形变化特性相符的滤波核函数。训练数据子集应典型反映局部区域的重要的地形特征，且滤波操作应保留这些地形特征，同时又能将非地面点全部过滤掉，这就要求选择一个合适的区域作为训练数据子集，用这些数据点推求经验的最大高差阈值滤波核函数 $\Delta h_{max}(d)$。

显然，确定最大的高差阈值是随机的，在利用这些阈值过滤其他区域的激光脚点时，必须给该高差阈值增加置信区间。假设训练采样子集包含距离为 d 的 N 对点。这 N

对点间的最大高差可以看成整个数据集的最大高差。但并不知道整个数据集两点间高差的概率分布，为了得到有关最大高差阈值的标准偏差信息，可选择训练数据集两点间的高差分布作为整个数据集的概率分布。

假设 $F(\Delta h)$ 为训练数据集中两点间距为 d 的高差的累计概率分布，那么 $F_{max}(\Delta h) = F(\Delta h)^N$ 为 N 对相互独立的距离为 d 的两点间最大高差的累计概率分布，对应的最大高差的概率密度函数为

$$f_{max}(\Delta h) = \frac{\partial F_{max}(\Delta h)}{\partial \Delta h} = NF(\Delta h)^{N-1} \frac{\partial F(\Delta h)}{\partial \Delta h} = NF(\Delta h)^{N-1} f(\Delta h) \qquad (2.5)$$

对概率函数进行积分，可获得最大高差的方差。对于每个间距为 d 的方差，应独立计算，置信区间的大小可由方差的大小决定，然后将这个置信区间加到最大高差阈值的表达式中。

以上两种确定核函数的方法都是尽量使 DEM 保留重要的地形特征信息。这可能造成过滤条件太宽松，而在保留绝大部分地面点的同时接收了一些不属于地面点的激光脚点，即减小了第一类误差（拒绝了本属于地形表面的激光脚点）的数量，加大了第二类误差（接收了不属于地形表面的激光脚点）的数量。对于同一点，由第一类分类误差和第二类分类误差而产生的 DEM 的高程误差的绝对值大小是一样的，既然由两类误差造成的高程误差是一样的，那么如果 $P(p_i \in DEM) > P(p_i \notin DEM)$（$P$ 表示概率），最好将 p_i 分类为地面点。分类结果的好坏与数据点的密度有着密切的关系，点的密度越稀疏，分类误差越大，滤波效果就越差。该方法很难过滤掉矮小的地面植被激光脚点。

提高分类精度的另一个方法就是引进图像分析算法。如果地形的形态特征随着区域的不同而变化，可粗略地进行分割，每块的地形变化具有一定的均一性，对于每种地形的数据，应选择不同的数据训练集来推求最优的滤波函数。

假设 A 为原始数据集，DEM 为地面点集，那么满足下列滤波函数

$$DEM = \{ p_i \in A \mid \forall p_j \in A: h_{p_i} - h_{p_j} \le \Delta h_{max}(d(p_i, p_j)) \} \qquad (2.6)$$

的点就是 DEM 的元素。换句话说，如果对于给定的点 p_i，找不到点 p_j 使得它们满足关系式 $\{ h_{p_i} - h_{p_j} > h_{max}(d(p_i, p_j)) \}$，那么点 p_i 就可划分为地面点。该方法与数学形态腐蚀运算的关系如下。

用核 $K(\Delta x, \Delta y)$ 对二维信号 $h(x, y)$ 的腐蚀运算可定义为

$$e(x, y) = \min_{\Delta x} \min_{\Delta y} [h(x + \Delta x, y + \Delta y) - K(\Delta x, \Delta y)] \qquad (2.7)$$

对应于离散点集 A 中的 p_i：

$$e_{p_i} = \min_{p_j \in A} [h_{p_j} - K(x_{pj} - x_{p_i}, y_{p_j} - y_{p_i})] \qquad (2.8)$$

如果定义核函数为

$$K(\Delta x, \Delta y) = -\Delta h_{max}(\sqrt{\Delta x^2 + \Delta y^2}) \qquad (2.9)$$

p_i 腐蚀后的值为

$$e_{p_i} = \min_{p_j \in A} [h_{p_j} + \Delta h_{max}(d(p_i, p_j))] \qquad (2.10)$$

如果 $h_{p_i} < e_{p_i}$，那么，

$$\forall \, p_j \in A: h_{p_i} \leqslant h_{p_j} + \Delta h_{\max}(d(p_i,\, p_j)) \tag{2.11}$$

所以地面点集定义为

$$\mathrm{DEM} = \{p_i \in A \mid h_{p_i} \leqslant e_{p_i}\} \tag{2.12}$$

总之，当某脚点的高程不超过腐蚀面的高度时，就被认为是地面激光脚点。反过来，也可以通过检查某脚点的高程是否会导致拒绝它周围的脚点来进行过滤。

根据前面的定义，所选脚点必须同其他所有脚点进行比较，以确定是否接收该脚点。在绝大多数情况下没有必要这样做，如知道由于地形起伏引起的高差不超过 10m，并且 $\Delta h_{\max}(100\mathrm{m}) = 10\mathrm{m}$，那么，只需考虑 100m 范围以内的点。

实际上，不能仅仅根据两点间距的大小来确定滤波函数阈值的数值，如在一斜坡上有等间距的三点，其中有两点 (A, B) 位于斜坡的同一等高线位置，另一点(C) 位于沿坡度变化方向的某一位置，尽管 $|AB| = |BC| = |AC|$，但是 AB 两点间的高差为零，BC、AC 两点间的高差却可能较大。

2.3 激光雷达数据分类方法综述

激光脚点数据经过前面的滤波或过滤，只是分离出地面脚点（DEM）和地物脚点。如果要提取地物，必须在此基础上进一步进行地物脚点的分类（区分人工地物和自然地物）；有时地面脚点系列也要进行进一步的分类，如要进行道路提取。利用激光雷达测量数据自动提取地面目标，如房屋或植被，首要的关键任务就是对该数据进行分类。为此，人们提出了一系列用于机载激光雷达数据分类（分割）的算法。

目前，绝大多数算法是先将原始数据直接内插成规则格网的距离图像，在此基础上提出了基于高程纹理特征的分割算法；利用 2D GIS 数据进行分割；基于小波变换和尺度空间理论分割激光雷达数据；利用局部直方图分析技术并融合激光强度信息进行分割等。本书考虑多数读者的认知理解，统一将这一过程称为分类。

2.3.1 基于高程纹理的数据分类

纹理普遍存在于万物之表面，有的很容易被人们察觉，如木纹、布纹、指纹；有的却不易让人感觉到它的存在，如一张白纸或光滑的金属加工表面，初看起来，似乎是一个均匀表面，但是在放大镜下，却能清楚地找到纸上的纤维花纹和金属表面上的加工纹理。纹理是图像中的一个重要特征，至今尚无公认的严格定义。通常认为，纹理在图像上表现为灰度或颜色分布的某种规律性，这种规律性在不同类别的纹理中有不同的特点。纹理大致可分为两大类：一类是规则纹理，另一类是准规则纹理。

在机载激光雷达测量系统中，不同的物体或同一物体不同的部位，其局部高程的变化形成的高程起伏（高程纹理，Height Texture）是识别地物的重要特征。利用这种高程起伏自动分割密集的激光数据，可识别出如房屋、独立树、地面植被以及道路等地物。高程纹理分析分割实际上是借助于图形图像理解中的纹理分析原理，但这里定义的纹理是基于高程信息。激光脚点数据提供了每个激光脚点的高程信息。局部范围系列数

据脚点间的高程变化就形成一定的"高程纹理"，这种局部高程纹理能反映出物体某些重要的特征信息。激光雷达测量数据局部高程变化形成的高程纹理本身就可作为分割信息源。根据不同的纹理特性可区分人工地物和自然地物。

纹理可定性或定量地定义为局部区域的高程变化以及由此产生的对比度、均匀性等物理的特性。纹理主要反映图像面元灰度级属性以及它们之间的空间关系。下面给出几种常用的定义高程纹理的方式。

（1）原始高程数据：原始高程数据主要考虑分割一边是高的物体，如房屋、树，另一边是平坦地面或街道的情形。如果测区为山区，先将原始高程数据通过高通滤波。

（2）高程差：为各像素周围一定窗口范围内高程的最大值和最小值之差值，如果地物为屋顶或街道，那么其值一般接近于零；如果地物是树等植被，那么其值相差悬殊。

（3）高程变化：描述一定窗口范围内高程值的变化规律，这种高程纹理与高程差形成的高程纹理有相似之处。

（4）地形坡度：针对每个像素邻域，其最大坡度由 x、y 轴分量方向的坡度决定，坡度影像（Slope Image）可作为区分倾斜屋顶和水平屋顶、街道和树等地物的重要信息源。当然，还可以利用各种算子（Sobel Laplace、Filtering 等）对内插后的原始高程数据进行一定的处理。获得各种新的高程数据，然后利用现有的图形图像分割算法进行分类分割。为了减少小物体，如天线和烟囱上的孤立激光脚点的干扰，一般要进行中值滤波。该方法的缺点是目前需要内插成规则格网，这会带来内插误差，另外，还要求保证一定的数据密度。

2.3.2　融合激光回波信号强度和激光脚点高程进行分类

将地面点去掉后就只剩下地物点，包括植被和建筑物等，表现为一簇一簇的点群片，根据两者高程表现出的不同纹理特性，能较容易区分植被和建筑物。接下来探讨融合激光回波信号的强度（Intensity）信息和激光脚点高程进行数据分类。目前，类似的研究在国际上还处于研究阶段。激光雷达测量系统不仅能提供数据点的高程信息，而且越来越多的系统同时能提供激光回波信号的强度信息。激光脉冲打到相同的物质表面时，其回波信号的强度较为接近。每种物质对激光信号的反射特性是不一样的，根据数据的这一特性，能非常容易地区分树和房屋的边界。特别是当树和房屋靠近时，用常规的基于高程变化的数据很难将两者分开，而借助于激光强度信息可以将它们分开。利用格网内插后形成的高程数据图像能识别房屋和树等；利用激光回波信号的强度数据形成的图像能识别出道路和草地及农场等。Elberink 等（2000）利用激光脚点的反射率来分类离地面较近的地物，如道路、草地、庄稼地等；Csaplovics 等（2000）基于激光脚点反射的强度信息探测林区的大型石块和悬崖，从而提高了利用激光雷达测量获取山区地形数据的精度。

1. 反射系数与回波信号强度

地面介质表面的反射系数决定了激光回波能量的多少。地面介质对激光的反射系数取决于激光的波长、介质材料以及介质表面的明暗黑白程度。反射介质表面越亮，反射率就越高。实验表明，沙石等自然介质表面的反射率一般为 10%～20%；植被表面的反射率一般为 30%～50%；冰雪表面的反射率一般为 50%～80%。表 2.1 给出一些常见介质对波长为 0.9μm 的激光的反射率。

表 2.1　　　　　　　　　　　　　　常见介质的激光反射率

材质	反射率
白纸	接近于 100%
形状规则的木料	94%
雪	80%～90%
泡沫	88%
白石块	85%
石灰石、黏土	接近 75%
有印迹的新闻纸	69%
棉纸	60%
落叶树	典型值 60%
松类针类常青树	典型值 30%
碳酸盐类沙（干）	57%
碳酸盐（湿）	41%
沙滩、沙漠	典型值 50%
粗糙木料	25%
光滑混凝土	24%
沥青	17%
火山岩	8%
黑色氯丁（二烯）橡胶	5%
黑色橡皮轮胎	2%

由于反射率取决于表面介质材料，不同地物具有不同的反射介质表面。自然地物表面（如植被）对激光的反射能力要强于人工地物（如沥青和混凝土）介质表面对激光的反射能力。高反射率介质对应强激光回波信号，据此有可能开辟出利用激光回波强度影像进行信息获取的新领域。黑色沥青路面、黑色瓦片屋顶表面对激光信号有吸收效应，信号反射强度很低；相反，对于光亮的表面，激光射到该表面会形成较强的漫反射。对于平静的湖面或镜面，只有在扫描角取值为［-3°，+3°］时，系统才可能接收到激光回波信号。图 2.4 所示为激光照射到不同介质表面形成的不同反射。

高反射率的介质表面有光亮表面、草、树、带波纹的水面，低反射率的介质表面一般为黑暗表面、沥青、炭、铁的氧化物、潮湿表面、泥巴、平静水面等。对于同一种介

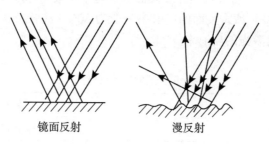

镜面反射　　　　　漫反射

图 2.4　不同反射方式

质表面，影响其反射率的因素有激光发射点到反射点间的距离、反射方位、介质成分和密度等。对于激光雷达测量系统来讲，物体表现的光谱特性接近激光波长范围时，该物体对激光具有强反射性；反之，该物体对激光具有弱反射性。

2. 不同介质激光回波信号强度的标定

目前，越来越多的激光雷达测量系统能同时提供激光回波信号的强度信息，该强度信息与激光信号作用的介质属性有着密切的联系。由于激光回波信号的强度与多种因素有关，在融合强度信息进行分类时，首先要进行强度信息标定。所谓标定，就是确定同一航带相邻区域不同介质表面对激光散射强度的量化指标。表 2.2 给出几种典型地物的实际标定结果。需要说明的是，这些值并不是一个定值，即使对于同一介质表面，在不同的激光系统、不同的飞行高度及不同的天气状况等具体条件下，激光散射回波强度系数也会有很大差异。而对于同一测区，飞行条件比较接近，此时可近似地认为激光回波强度只与表面介质有关，建立一组强度和介质的对应关系，达到区分介质属性的目的。这正是在融合激光回波信号强度进行数据分类分割前进行标定的意义所在。

表 2.2　　　　　　　　　　　　**不同介质的激光回波信号强度**

激光回波强度	介质	可能的地物分类
50~150	沥青、混凝土	道路、桥梁、某些房屋
150~250	泥土、沙石	裸露地或浅色房屋屋顶
250~350	植被（稀疏）、金属	灌木丛、草地、农作物（长势不好）、路上行驶车辆
350~500	植被（稠密、健康）	草地、长势好的农作物、路上行驶的车辆

2.3.3　利用激光脉冲两次回波的高差变化进行分类

脉冲式激光雷达测量系统通过测量激光脉冲回波信号的上升边界和下降边界，经波形分析后可得到激光脉冲的首次回波信号（First Pulse）时刻和尾次回波信号（Last Pulse）时刻，从而对于同一束激光能同时获得两个距离观测值。并且在飞行作业时，能将系统设定为只量测激光脉冲首次回波信号的测距信息，或只量测激光脉冲尾次回波信号的测距信息。目前，有些系统能够记录同束发射激光的不同回波信号可达 4 次，只要回波脉冲彼此的间距大于 2m，系统即能区分出不同的反射信号。

目前，已有不少系统能同时记录首次回波信号和尾次回波信号。在同一测区，连续进行两次飞行，一次记录激光脉冲首次回波信号的激光脚点，一次记录激光脉冲尾次回波信号的激光脚点。利用激光脉冲首次回波信号的激光脚点获取未经滤波处理的数字高程模型 M1，植被区域会出现局部高程变化较大的现象。而对于道路、房屋屋顶等人工地物，局部高程变化较小，对应的未经滤波处理的数字高程模型局部变化较小且表现出一定的规律性。类似地，还可利用激光脉冲尾次回波信号的激光脚点获取未经滤波处理的数字表面模型 M2。如果能保证一定的穿透率，植被区域的表面高程局部变化仍然较大。在分别获得的 M1 和 M2 间求差，如果是植被区域，两次获得的高差差异较大，而如果对应区域是道路或平面屋顶时，两次获得的高程差异会很小或接近于零。基于上述原理，就能区分出森林植被区域。

对于同一束激光脉冲，利用首次回波所获得的高程减去利用尾次回波所获得的高程，在空旷地带和房屋等表面规则的地物中，两者的高程差几乎为零，而在植被覆盖地区，特别是树林地带，高程差不为零。因此利用这一特性，很容易将植被和非植被点区分开来。

如果基于前面的滤波处理得到的地物点数据主要区分为人工建筑物和自然植被，那么根据两次回波信号测定的高程之差，就能非常容易地区分出人工建筑物和自然植被。但是在实际操作中，也会出现分类结果中有少量建筑物点夹杂在植被点中的情况。其原因是在数据处理算法中，只是按照同一束激光首次回波信号和尾次回波信号获得的激光脚点的高程不同，而认为该激光脚点是打在植被上。实际上，同一束激光打到房屋上，两次回波信号确定的高程应该几乎相等；同一束激光打到植被上，两次回波信号确定的高程绝大多数会有明显差异，但也不能排除两次回波信号确定的高程几乎相等的情况。因为激光光斑较小，同一束激光若确实打到某片树叶上，这与激光束打在房屋上的情况就一样了。只有同一束激光打到植被的不同（垂直）部位时，才会产生两次回波信号确定的高程出现明显差异。如果进一步融合激光回波信号的强度信息和高程变化因素，就能把夹杂在绿色激光脚点簇群中相对孤立的红色激光脚点判定为植被点。当然，如果在单独处理房屋激光脚点时，这些离散、相对孤立的被误分类为房屋的脚点可以利用简单的算法直接剔除，这并没有损失真实房屋脚点的数量。

数据过滤和分类后，还要进行质量控制。任何一种滤波分类算法都不能保证百分之百正确。分类时，也只能是尽可能准确。如果要进行后续的地物识别和重建，还要对滤波分类出的地物数据点进行一致性检查。检查时，应遵循宁愿剔除可疑点，也不要将它带入后续处理过程中，以免严重污染数据。这主要是因为滤波分类后，每一小块的激光脚点数据个数有限，数据自身的抗差能力大大降低。

2.4　激光雷达测量数据滤波分类研究展望

目前，滤波算法一般为半自动或人工操作方式。半自动滤波算法一般是基于对高程值的统计分析，还有数学形态学滤波算法，或基于边缘探测的滤波方法。但这些方法都存在不足。武汉大学张小红教授（2007）提出的移动曲面拟合滤波法以及融合激光回波信号强度信息进行分类的方法是可行的。随着研究的不断深入，滤波算法将逐步成熟，并朝自动化的方向发展。当然，随着数据密度的不断增加，数据量越来越大，算法设计、数据结构设计时，必须考虑数据处理的速度。

1. 有待解决的问题

（1）数据过滤后，生成的 DEM 的精度及可靠性需要与常规手段（地面观测）获取的 DTM（应该具有更高的精度和可靠性）进行比较加以验证；

（2）区分粗差和孤立地物；

（3）设计一种综合滤波分类法，各种方法有机地结合使用，取长补短；

（4）基于更多知识的数据过滤和分类算法；

（5）处理特殊地形（悬崖、陡坎）；

（6）研究窗口大小阈值与数据点密度的关系；

（7）数据密度不够时，难以准确确定边界。如今，区分地面激光脚点和建筑屋顶的激光脚点并不困难，但要准确确定房屋、道路等地物的边界却有一定难度，能以什么样的精度水平确定边界主要取决于点的密度（脚点间距）以及房屋的大小等因素。

2. 初步设想

（1）提高分类精度的另一个方法就是引进图像分析算法。

（2）基于获得的 DTM 提取"正规化"的 DSM。

（3）基于扫描线激光脚点的滤波算法，因为激光扫描的点是有序的。

（4）用机载激光雷达测量数据生产 DEM 时，可利用现有的地形数据过滤原始的激光数据，从而将由植被及人工建筑物（如房屋、电线等）等非地表面反射的激光点数据过滤掉。

（5）滤波分类应根据具体的地形条件、植被、建筑物的密集程度、建筑物的规则、高矮情况分别对待。有些方法以地形局部水平且激光脚点分布较为均匀为假设前提。为了保留倾斜地面的激光脚点，处理窗口大小要适当地减小，阈值相应要放宽，也就是说，滤波参数应该同具体的地形条件自适应地调整。

（6）将测区分块（地形统计特性，并保证一定的重叠区），按一定的格网间距（10m×10m）将每一块分格，在每一个格网内取最低点作为备选地面点，用这些选中的备选地面点拟合一个粗略的地面模型。然后将所有的激光点的高程与模型拟合得到的对应点的高程相减，如果其互差超过给定的阈值，则认为是地物点，而被剔除，否则接收为地面点集，并利用得到的地面点集重新拟合计算地面模型，反复迭代进行。

思考与练习

1. 简述激光雷达数据滤波的基本原理。
2. 简述迭代线性最小二乘内插法的原理及缺点。
3. 简述反射系数与激光回波信号强度的关系。
4. 利用高程差进行植被和建筑分类的实际操作中会出现哪些问题?
5. 数据滤波分类还有哪些有待解决的问题?

第3章　不同搭载平台的激光雷达产品

3.1　星载激光雷达

3.1.1　星载激光雷达背景

激光雷达（LiDAR）是一种主动探测技术，可以准确、快速地获得地面和大气的三维空间信息。早期的传感器可以获得目标的空间平面信息，需要通过同一轨道或不同轨道的重叠图像或其他技术获得三维高程信息，这些方法与 LiDAR 技术相比，不仅测距精度较低，而且数据处理也比较复杂。与微波雷达相比，LiDAR 具有更高的分辨率和测量精度。与光学成像技术相比，LiDAR 不能提供传统无源光学成像的丰富光谱和高分辨率的几何信息，但 LiDAR 可以直接提供目标距离信息，并利用高密度采样技术描述目标几何和其他信息。由于这个原因，LiDAR 已经成为地球观测系统（EOS）计划中的核心信息获取和处理技术之一，同时还有图像光谱学和合成孔径雷达（SAR）。

星载 LiDAR 有许多无法替代的优势，它提供了一种新的方式来获取海上的三维控制点和数字高程模型（DEM），这对国防和科学研究都有重大意义。星载 LiDAR 还可以观测整个天体，LiDAR 传感器提供的数据正被用来创建天体的综合三维地形图，作为美国探索计划的一部分，如月球和火星（图 3.1）。此外，星载 LiDAR 可以在测量植被、海平面、云层和气溶胶的垂直分布以及监测特殊气候现象方面发挥重要作用。

图 3.1　美国的月球勘测轨道飞行器

1. 国外星载激光雷达

迄今为止，国外已经发射了多个星载激光雷达，并证明了其独特的优势，主要表现在全球测绘、地球科学、大气探测以及月球观测、小行星探测、在轨服务和空间站方面。其中，美国在星载激光雷达的技术、应用和规模方面处于绝对领先地位。美国公开报道的典型激光雷系统有 MOLA、MLA、LOLA、GLAS、ATLAS、LIST 等。表 3.1 是国外星载激光成像雷达的情况。

表 3.1 　　　　　　　　　　**国外发射的星载测绘激光雷达一览表**

载荷名称	发射时间	发射国家	任务描述
Clemetine	1994 年	美国	月面地形测绘，得到全月数字高程图
SLA（航天飞机）	1996 年	美国	云层、海洋高度、地表植被情况观测
MGS（MOLA）	1996—2002 年	美国	火星地形测绘
ICESat（GLAS）	2003—2010 年	美国	监测南极冰盖厚度随气候的变化情况，探测云和气溶胶
MESSENGER（MLA）	2004 年	美国	水星地形测绘
CALIPSO	2006 年	美国	对地球云层和浮质进行新型的三维观测
SELENE（LALT）	2007 年	日本	月面地形测绘，构建月球地形数据库
Chandrayaan（LLRL）	2008 年	印度	配合立体测绘相机进行月球地表测绘
ICESat-2	2018 年	美国	观测地球上海冰的融化情况
LIST	预计 2025 年	美国	全球地表立体测量

美国国家航空航天局（NASA）在开发和应用星载激光雷达方面一直处于领先地位，通过 1994 年的 Clemetine 月球任务获得了高精度的月球表面特征信息（图 3.2），1996 年发射的火星全球勘测器（MGS）使用 MOLA-2（Mars Orbiter Laser Altimeter），获得了火星表面的大量地形特征。1996 年发射的火星轨道器激光测高仪 2 号（MOLA-2）获得了火星表面的大量地形数据。MOLA-2 正在建造、测试和准备发射的同时，NASA 用航天飞机激光测高仪（SLA，1996 年 1 月）和 SLA-02（1997 年 8 月）进行试验，作为 MOLA 开发过程的备份，以获得高度精确的全球控制点信息。后来，NASA 将地球科学激光测高系统（GLAS）纳入地球观测系统（EOS），并将其安装在 ICESat（冰、云和陆地观测卫星）上，因为 NASA 之前有计划安装 LiDAR 来测量极地冰的变化。2003 年 ICESat 正式发射，是第一颗测量极地冰、云和陆地海拔的卫星，同时搭载激光测高系统，还可同时给出全球分布大气云层和地貌数据。表 3.2 总结了美国典型的星载激光雷达系统的各项计划及其载荷参数。

表 3.2　　　　　　　　　　　　　　　**美国星载激光雷达系统**

应用领域	深空探测		对地观测		
发射日期	1996 年 11 月	2009 年 6 月	2003 年 1 月	2018 年	2020 年以后
平台	MGS	LRO	ICESat	ICESat-2	
激光载荷	MOLA	LOLA	GLAS	ATLAS	LIST
观察对象	火星	月球	地球	地球	地球
任务时间	2 年	1 年	3 年	5 年	3 年
轨道高度	400km	50km	593km×610km	600km	400km
探测方式	单波束	5 波束	单波束	9 波束、光子计数	1000 束、光子计数
激光能量	48mJ@ 1064nm	2.7mJ@ 106nm	75mJ@ 1064 32mJ@ 532nm	<0.1mJ@1064nm,各波束能量不等。	1000 束 10kHz 的 1kW 光学功率, 100μJ/束
激光重频	10Hz	28Hz	40Hz	10kHz	10kHz
脉冲宽度	7ns	6ns	5ns	<1.5ns	<1.5ns
激光发散角	0.4mrad	100μrad	0.11mrad	0.0167mrad	0.0125mrad
足印直径	160m	50m（5 束）	66m	10m	5m
接收视场	0.85mrad	0.40mrad	0.17mrad	0.02mrad	0.014mrad
测距精度	1.5m	0.1m	0.1m	0.2m	0.15m

　　欧洲航天局（ESA）在过去 20 年里进行了多项激光雷达实验，包括背散射光雷达 ATLID 和多普勒测风激光雷达 ALADIN。1996 年发射 ATLID，主要用于测量云顶高度和云层边界，利用线性扫描扩大视野，在 800km 的轨道高度覆盖整个区域。2018 年，ADM-Aeolus（大气动力学任务）从法属圭亚那的欧洲太空港基地发射，在地球上空 320km 处成功完成了为期 3 个月的任务。Aeolus 携带了一个单一的多普勒测风激光系统，这是一个先进的激光系统，旨在从太空中精确测量整个地球的风的模式。它的激光器每秒向大气层发射 50 个强大的紫外线脉冲，测量大气层中的分子、尘埃和水滴的信号，可以建立距离大气层至少 30km 的地方的风速剖面。

2. 国内星载激光雷达

　　我国很早就注意到研制激光雷达系统的重要性，中国科学院遥感应用研究所、中国科学院上海技术物理研究所、中国科学院光电研究院、中国科学院上海光学精密机械研究所、中国电子科技集团公司第二十七研究所、北京空间机电研究所、武汉大学、哈尔滨工业大学等单位都开展了激光雷达技术研究。目前国内已发射或在研的星载激光设备，主要有嫦娥系列的深空激光高度计等（图 3.2、图 3.3）。国内的主要星载激光雷达载荷指标如表 3.3 所示。

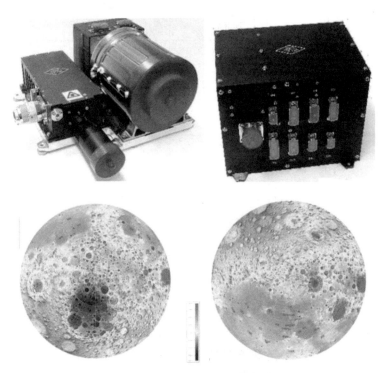

图 3.2　嫦娥一号探月卫星上搭载的激光雷达系统与月球地形模型图

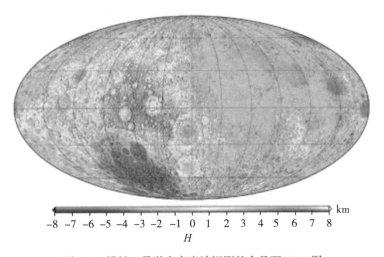

图 3.3　嫦娥一号激光高度计探测的全月面 DEM 图

表 3.3 　　　　　　　　　　　　　**国内星载激光雷达汇总表**

	CE-1 激光高度计	CE-2 激光高度计	CE-3/CE-4 激光高度计	CE-3/CE-4 激光成像雷达
发射日期	2007 年	2010 年	2013 年/2015 年	2013 年/2015 年
研制方式	自研	自研	自研	自研
观测对象	月球	月球	月球	月球
任务时间	1 年	半年	30 分钟	15 分钟
轨道高度	200km	100km	30km	100m
探测方式	单波束	单波束	3 波束	16 波束
激光能量	150mJ	150mJ	40mJ	单束 5μJ
激光重频	1Hz	5Hz	2Hz	50kHz
脉冲宽度	30ns	10ns	8ns	8ns
激光发散角	0.6mrad	0.6mrad	1mrad	1mrad
足印直径	200m	40m	30m	0.1m
测距精度	5m	5m	0.15m	0.15m

　　综上所述，我国自主研发的激光雷达对地观测有效载荷与国外相比还存在差距，唯一成功的在轨经验是对月球的观测，没有像美国 ICESat 那样发射对地观测卫星的记录。在关键技术方面，中国科学院上海光学精密机械研究所对卫星上的大功率高频脉冲激光器进行了初步研究，取得了一些成果。在探测系统和系统技术方面，中国科学院上海技术物理研究所、中国科学院光电技术研究所、哈尔滨工业大学和中国航空五院 508 所进行了关键技术的初步论证和相关实验验证，取得了初步成果。但这些关键技术仍处于研究阶段，需要进一步工程化。

3.1.2　星载激光雷达的技术特点

　　星载激光雷达的测量原理与普通激光雷达不同，由于测量目标和内容不同，测量原理也不同。例如，利用大气成分的不同吸收特性，差分吸收激光雷达，可用于确定大气中臭氧、水汽、甲烷等微量成分的分布和动态变化过程；利用大气中气溶胶、云颗粒和地面物体的散射特性做成后向散射激光雷达，用于遥感气溶胶、云和地面物体，可以对大气中的气溶胶分布和云结构进行成像；多普勒激光雷达利用了多普勒效应，它特别适用于监测机场和商业航线的大气湍流和轨道涡流。

　　以 ATLAS 星载激光雷达为例，ATLAS 向探测目标发射激光脉冲，脉冲发射并被卫星的接收器再接收，经过转换产生波形，通过对波性特征进行分析、获取信息，进而计算探测器与目标的距离。计算原理：如果 T_0 时刻发射，T_r 时间接收，目标与探测器的距离就是：

$$s = \frac{1}{2}c \cdot (T_0 - T_r) \qquad (3.1)$$

这就是 ATLAS 星载激光雷达的基本原理。

星载 LiDAR 可以 24 小时观察地球，分辨率和灵敏度都很高，几乎不受地面或天空背景的干扰。这些特点使它在地形测绘、环境监测和森林调查等应用中独树一帜。目前，对星载 LiDAR 的应用研究正从最初的单一用途发展到复杂的多学科应用。

3.1.3 发展趋势

星载高分辨率对地观测激光雷达在国际上仍属于非常前沿的工程研究方向，包括美国在内的国外研究机构都将星载高分辨率对地观测激光雷达作为未来对地观测的重要研究内容和发展方向。NASA 的激光成像雷达卫星的发展规划见图 3.4。

图 3.4　美国对地观测激光雷达发展规划

从世界各国星载对地观测激光雷达系统的发展规划来看，其未来发展方向如下：

（1）从单波束探测逐步过渡到多波束探测，后续发展目标是密集波束推送和扫频探测，提高信息采集效率。

（2）明确从线性探测系统向光子计数系统发展，降低系统功耗、体积和重量压力。

（3）激光器足迹的直径不断缩小，分辨率和定位精度不断提高。

（4）发展区域高精度 DSM 和 DEM 采集技术，继续扩大应用范围，同时提高全球高精度地面控制点采集能力。

3.1.4 应用前景

1. 天体测绘

星载 LiDAR 能够在卫星上获取和处理数据，并对整个星体进行观测，LiDAR 高度计用于月球、火星和其他天体的探测计划，以帮助创建这些天体的综合地形图，完善表面地形特征的高程信息，并为未来登陆调查选择登陆地点提供依据。此外，这些探测器不仅提供了待测天体的地形信息，还为研究天体的地质和物理科学提供了宝贵的信息，如表面反照率的季节性变化、大气结构和岩石圈密度分布。

2. 构建全球高程控制网

航空摄影测量是获取境外地理空间信息的有效手段，但为了保证地图制作的准确性和每张地图之间连接的一致性，有必要事先在大范围内建立一个具有统一精度的摄影测量控制网络。星载 LiDAR 将是收集全球控制点的最有效方法，因为它能够穿透云层和植被，而且具有高精度、全天观测、观测范围广等特点。开发 LiDAR 测绘卫星系统可以高效、准确地获取全球高程参考点数据，为全球高精度控制网的建设提供高程参考点。

3. 获取高精度 DEM/DSM

用星载 LiDAR 采集高程数据的精度比 InSAR 要好得多，后续数据处理也更简单，这是未来全球采集 DSM/DEM 的很好的方法，具有更高的精度。

4. 特殊区域精准测绘

在以下情况下通过传统摄影测量获得三维空间信息非常困难：① 高层建筑密集的城市地区；② 纹理信息不足的地区，如滩涂和沙漠；③ 特殊地区，如高山地区和水体。星载 LiDAR 可以直接获取高程信息，它减少了对地表纹理特征的要求，可以准确地测量冰原、潮滩地区和城市地区。此外，由于 LiDAR 的"单点测量"特点，每一束激光可以获取一组有用的信息，大大提高了在上述地区获取准确地理空间信息的能力。

5. 林业资源测绘

星载激光测距仪发射的激光脉冲部分穿透植被冠层，回波波形数据可用于分析整个植被冠层的三维结构和其下的地形情况。目前，星载激光测距仪 GLAS 被用来测量冰盖的地形，观察云层和大气特性，但另一个重要的应用是林业资源的调查。

6. 大气成分和结构测量

LiDAR 可以测量温度、湿度、风速、能见度、云高和城市上空的污染物排放浓度。与空气污染监测的传统采样方法相比，LiDAR 具有空间和时间分辨率高、监测范围广的优势。ICESat 以 1064/532nm 波长观测全球云和气溶胶的垂直结构、行星边界层高度以及极地对流层和平流层的云层，在了解辐射平衡和完善大气降水模型方面发挥了特别重要的作用（图 3.5）。

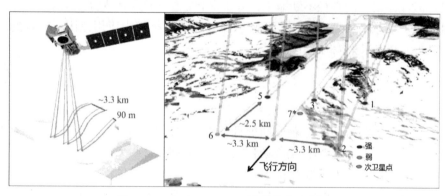

图 3.5　ICESat-2/ATLAS 波束分布示意图

7. 极地地形测绘与冰川监测

由于极地地区独特的地理位置和经济、军事价值，对一个国家的发展具有重要的战略意义，开展极地地形测绘工作具有重要意义。极地地区常年被冰雪覆盖，有融雪的斑纹，还有极光等现象，这些都给传统的摄影测量带来了测绘困难。随着激光雷达测绘卫星系统的发展，可以高精度地测量地球极地地区的地形、冰层厚度和变化，完成极地地形和 DEM 的测绘，以及测量海冰的高度、粗糙度、厚度和表面反射率。

3.2　机载激光雷达

3.2.1　机载激光雷达背景

机载激光雷达（LiDAR）技术是将激光测距设备、GNSS 和 INS 等设备紧密集成，以飞行平台为载体，通过对地面进行扫描，记录目标的姿态、位置和反射强度等信息，获取地表的三维信息，并深入加工得到所需空间信息的技术。自 20 世纪 90 年代初，在德国出现首个商用 LiDAR 系统后，其研究和应用得到极大发展。国内 LiDAR 技术的研究开始时间比国外大约晚 10 年，随着研究的深入和硬件技术的发展，LiDAR 技术在我国有了巨大发展。

SZT-R1000 车机载一体化移动测量系统是南方测绘自主研发的移动测量系统（图3.6）。该系统将高精度三维激光扫描仪、GNSS 全球导航卫星系统、惯性导航系统（可简称"惯导"）、全景相机以及控制模块、时间同步模块等高度集成，融合多种定位模式，方便快捷地安装于汽车和飞机等移动载体上，快速获取高精度多元数据。通过配套软件进行数据处理与加工，获取 4D 数据成果以及三维模型，可广泛应用于测绘、国土、交通、电力、数字城市和互联网街景等领域。

图 3.6　南方测绘 SZT-R1000 移动测量系统

3.2.2　机载激光雷达的技术特点

机载激光雷达是一种以无人机或有人机为载体，通过对地面进行扫描，记录目标的姿态、位置和反射强度等信息，获取地表的三维信息，并深入加工得到所需空间信息的技术。机载激光雷达集成了 GPS、IMU、激光扫描仪、数码相机等传感器，通过时间同步模块将整个系统各传感器时间调整一致。飞机飞行过程中，搭载于飞机底部的激光雷达发射脉冲信号，信号接触到被测物体反射回来再次被激光的接收器接收，结合激光器的高度，激光扫描角度，就可以准确地计算出每一个地面光斑的三维坐标 X、Y、Z（图 3.7）。

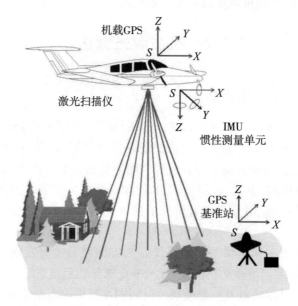

图 3.7　机载激光雷达扫描样式

机载 LiDAR 技术作为一种新的测绘探测技术，与其他技术手段相比，有一定的优势。

1. 主动获取数据的能力

机载激光雷达技术是一种主动的技术手段，用于测绘地球表面的空间信息。一般来说，测绘探测技术可以分为两种类型：主动和被动。被动式测绘技术从太阳光等物体反射的电磁波或物体自身的辐射中获取信息，这种类型的测量技术会受到天气和光线等自然条件的影响和限制。机载激光雷达技术是一种主动探测方法，通过主动照射激光脉冲，获取目标的反射信号并进行处理，从而获得地表目标的空间信息。因此，机载激光雷达技术具有不受天气和照明条件影响的优势。例如，在汶川地震灾后救援中，机载激光雷达技术能够在恶劣复杂的环境中获得高度准确的地面空间信息。

2. 穿透能力

机载激光雷达技术发射的激光脉冲信号对植被有一定的穿透作用，大大减少了因植被枝叶造成的信息损失，可以获得林区的实际测量地形数据。

3. 外业工作量少

机载 LiDAR 技术具有快速、高效、安全的操作性。由于机载 LiDAR 技术通过飞机飞行和激光脉冲扫描完成探测工作，可以在短时间内获得大面积、大范围地表的空间信息，工作效率高。与传统的人工测量技术相比，该技术可以大大减少工作量，缩短现场测量时间，提高探测工作的效率。使用无人驾驶飞行器可以探测许多危险区域，确保安全作业。

4. 高精度

探测技术获得的数据的准确性是评价该技术的一个重要点和指标。机载 LiDAR 技术可以在大范围内快速获取地面目标的空间定位坐标，精度高，保证数据的可用性。在 1km 以内的飞行高度，用机载 LiDAR 获取的点云数据可以达到 15~20cm 的高程精度和 30~100cm 的平面精度。

5. 可以获得丰富的数据信息

机载 LiDAR 技术不仅可以获得地面目标的三维空间坐标，还可以记录地面目标的信号强度信息，有些 LiDAR 系统还可以记录回波计数信息。丰富的信息为 LiDAR 数据的使用提供了更多的可能性，这也是 LiDAR 技术的一大特点和优势。

6. 快速处理

LiDAR 是直接获取三维点云数据，然后去噪后获取 DSM 数据，滤波后获取 DEM 数据的系统。这些过程都是高度自动化的，可以在很短的时间内完成，而且只需要少量的人工编辑，基于三维点云的建模和空间分析也可以快速进行。

另一方面，机载 LiDAR 技术也存在以下缺点。

（1）机载 LiDAR 技术收集的数据具有一定的盲目性。

虽然 LiDAR 技术可以获取大量的采样数据，但在数据采集中存在一定的盲目性，比如照射的激光点光不一定能打到地形的关键点上，这可能导致地形的关键信息缺失。此外，当照射的激光点云打到飞鸟、行人、深井等上时，会产生点云数据的粗差，在使用点云数据之前，有必要检测并去除粗差。

（2）机载激光雷达技术更加复杂和专业。

机载激光雷达是一个集成装置，包括许多先进的技术设备，如果操作者没有相应的技术能力，将无法合理操作。

（3）机载激光雷达数据产品比较少。

目前机载激光雷达数据产品比较单一，没有充分发挥 LiDAR 点云数据的优势，在具体的行业应用中，经常需要专门设计对应的产品类型、指标和流程，程序比较繁琐，且产品质量不稳定。

3.2.3 发展趋势

在硬件方面，目前机载 LiDAR 系统由不同厂家提供各种硬件型号，LiDAR 系统的软件发展主要体现在数据采集方面。为了满足生产的实际需要，机载 LiDAR 的硬件系统需要向多平台、多型号、多传感器、多波束方向发展，例如 RIEGL VUX-240 激光雷达系统（图 3.8）。

（1）机载 LiDAR 硬件系统的平台趋于多样化，如无人机搭载的 LiDAR 系统受到很多单位和研究人员的关注。

（2）单一型号的硬件系统难以满足实际探测需要，适应不同探测条件的多型号

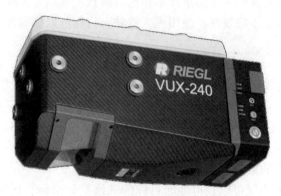

图 3.8　RIEGL VUX–240 激光雷达系统

LiDAR 系统正在逐步开发。

（3）配备多个传感器的 LiDAR 系统具有更高的探测能力。

（4）传统的 LiDAR 主要用于采集地表信息，其波长位于近红外区域附近。随着用户实际需求的扩大，机载 LiDAR 系统不仅能够探测地表信息，还需要探测非地表信息，如水体。机载 LiDAR 系统将发展为多波束，因为它们需要为每个区域目标选择合适的探测带宽。

在软件方面，目前的机载 LiDAR 系统也有大量的处理软件，但与硬件系统相比，它是落后的。机载 LiDAR 系统的软件主要用于处理 LiDAR 数据和生成多种类型的数据产品。在这方面，LiDAR 系统的软件发展主要体现在两个方面。

（1）数据处理。LiDAR 系统能够以高效、快速的方式全天候地获取数据。面对不同 LiDAR 系统在多时段、多天气条件下获取的海量数据，软件系统的发展需要不断提高数据处理的速度和处理不同类型数据的能力。

（2）数据产品。LiDAR 软件系统不仅要能快速、有效地处理多种类型的数据，而且要根据实际需要创建符合应用需求的数据产品，并保证产品的质量。目前，LiDAR 软件系统可以提供一些满足实际需求的产品，但数据处理算法还需要在理论和实践上进行探索，以提高数据产品的精度。

目前，机载 LiDAR 技术已经取得了长足的进步，在各个领域得到了广泛的应用。作为一种高效、准确的测绘和探测技术，机载 LiDAR 技术需要 LiDAR 硬件系统和软件系统来获取多源数据，处理多源数据，并创造多样化的数据产品。

3.2.4　应用前景

1. 机载激光雷达在测绘行业的应用前景

机载激光雷达硬件的发展产生了各种各样的平台和型号，以满足不同测绘行业的不同需求，包括大规模测绘（图 3.9）、工程测量和监测。在软件方面，数据处理速度的提高，数据量的增加，以及更广泛的数据产品类型，预计将给测绘行业带来巨大的经济效益。

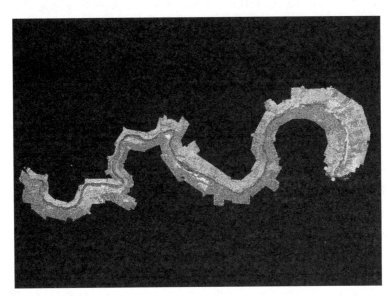

图 3.9　机载激光雷达应用于大面积地形测绘

2. 机载激光雷达在林业的应用前景

机载 LiDAR 技术提高了多源数据采集和多源数据处理能力,具有直接获取单棵树的位置、高度、冠幅三个垂直结构参数的特点,可以在一定程度上提高树种识别能力,而且林木树种的精细识别可以方便估算森林碳储量和监测森林生物(图 3.10)。因此,机载 LiDAR 的发展可以成为森林碳储量估算和森林生物多样性研究的基础,机载 LiDAR 的发展对中国的林业也是一个质的提升。

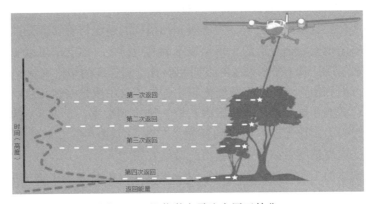

图 3.10　机载激光雷达应用于林业

3. 机载激光雷达在水利行业的应用前景

无人机机载 LiDAR 得益于其数据产品丰富、自动化程度高、数据采集精度高、生产周期短等优点,常被应用于水利枢纽工程,以减少野外测量的工作量,提高工作效率，减少成品产量。无人机机载 LiDAR 系统也可应用于水利行业的防汛抗旱、抢险救灾、水土保持监督、河道监督、永冻土监测、山洪灾害调查、水温分析等诸多方面，应用前景良好。

3.3　车载激光雷达

3.3.1　车载激光雷达背景

在 GNSS 定位技术发展到厘米级定位精度和惯性测量单元（IMU）精度大幅提高的同时，LiDAR 测量技术也开始向实用化发展，目前已广泛用于测绘和国防领域。近年来，自动驾驶汽车技术不断得到发展，从最初为满足军事应用需求而推广的地面无人车，到全球几大汽车公司相继投资开发消费者用的自动驾驶汽车。从需求的角度来看，自动驾驶汽车是对人们驾驶技术要求不断提高的回应，也是对智能交通的迫切需求。从技术上看，自动驾驶汽车的发展将助力相关技术领域实现突破，如环境感知技术、新能源技术、人工智能等，为传统汽车行业带来新的发展方向。自动驾驶汽车的环境感知就像汽车的视觉和听觉一样，是汽车能够快速、准确地获取驾驶环境信息，实现避障、定位、路线规划等高级智能行为的前提和基础。而激光雷达可以和其他传感器互为补充，有效提高车辆对于周围环境感知的准确度，为自动驾驶的发展奠定基础。

3.3.2　车载激光雷达技术特点

车载激光雷达，也叫车载三维激光扫描仪，是一种可以移动的三维激光扫描设备（图 3.11）。近年来，三维激光扫描仪已经从固定型发展到移动型，典型的例子包括车载式三维激光扫描仪和飞机上的三维激光雷达。车载激光雷达系统采用车载平台，集成了激光雷达设备、RS 系统和数码相机，通过激光扫描和数码摄影技术获取高密度的点云数据和道路两侧的特写图像数据。三维激光扫描仪的系统传感器部分被集成到一个过渡板上，可以安全地安装在普通的车顶架或定制的组件上。该支架可以单独调整激光传感头、数码相机、IMU 和 GNSS 天线的方向和位置，高强度的结构确保了传感器头和导航设备的相对方向和位置不变。车载激光雷达弥补了空中激光雷达在获取地面特征信息方面的局限性，并能在越来越广的范围内获取三维空间数据。车载系统越灵活和经济，其应用就越有吸引力。作为航空测量的补充，车载 LiDAR 系统获取数据、建立三维城市模型，也是完成高精度、高分辨率应用的最佳方式之一。

车载激光雷达的工作原理是发送和接收激光束，分析激光击中物体后的折返时间，计算物体与车辆之间的相对距离，并利用这个过程中收集到的物体表面许多密集点的三维坐标、反射率和纹理，快速重建测试物体的三维模型和各类图形数据，如线、面、体（图 3.12）。其目的是快速重建图形数据并建立三维点云图。车载激光雷达也被用于绘制环境地图，以达到环境感知的目的。激光雷达光束的数量越多，测量越精确，越安全。

以下是车载激光雷达的主要特点。

图 3.11　车载激光雷达

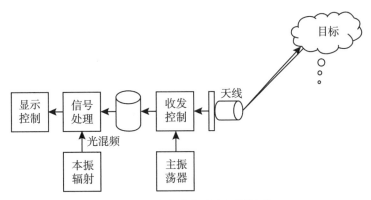

图 3.12　车载激光雷达探测原理

（1）具有极高的分辨率。

由于激光雷达工作在光学波段，其频率比微波高两到三个数量级，与微波雷达相比，它具有极高的距离、角度和速度分辨率。

（2）抗干扰能力强。

由于激光波长短，发散角非常小（在 μrad 数量级上），激光束发射时几乎没有多径效应（在微波和毫米波中，会出现多径效应，不能形成定向辐射），可以探测低/极低高度的目标。

（3）获取的信息量丰富。

可以直接获取目标的距离、角度、反射强度、速度等信息，生成目标的多维图像。

（4）可全天时工作。

激光主动探测，不依赖于外界光照条件或目标本身的辐射特性。它只需发射自己的激光束，通过探测发射激光束的回波信号来获取目标信息。但是激光雷达最大的缺点——容易受到大气条件以及工作环境的烟尘的影响，要实现全天候的工作环境是非常困难的事情。

3.3.3　发展趋势

随着新能源行业的崛起，越来越多的公司和供应商投入汽车雷达系统研制、器件开发和算法研究中，美国、欧洲和日本则在汽车雷达技术研究方面处于领先地位。1999年，德国梅赛德斯-奔驰公司率先在自动驾驶控制系统中使用 77GHz 毫米波雷达；2003年，博世公司开发了 77GHz 汽车雷达并正式商用；2013年，松下和富士通开发了79GHz 毫米波汽车雷达。目前，毫米波汽车雷达的关键技术主要由大陆、博世、电装和奥托立夫等传统汽车零部件巨头主导，只有少数国外公司掌握了该技术，尤其是 77GHz 毫米波雷达（图 3.13）。

图 3.13　毫米波雷达

随着国内无人驾驶行业和国际浪潮一起井喷发展，国内也涌现出几家激光雷达厂商。其中以速腾聚创、北科天绘、镭神智能、思岚科技、禾赛科技等创业公司为代表的国产激光雷达产品逐渐获得市场认可，并在智能汽车中使用。但相比国际领先产品，如Velodyne，国产激光雷达在精度、稳定性方面还有差距，主要以价格优势抢占市场。国产激光雷达厂商在原理技术和生产工艺上仍需跟上国际步伐。

目前，国内毫米波雷达产业的发展主要面临以下几个问题。

（1）行业整体竞争力偏弱。

目前，国内的产业链尚未成熟，国外商用车载雷达已经发展了几十年，国内近几年才开始起步，产品上市要面临激烈的竞争压力。

（2）人才极度缺乏。

车载雷达研发需要丰富的雷达系统和毫米波射频设计经验与能力，而这一领域的人才多集中在军工企业和国外企业。

（3）资金压力大。

由于技术基础底子薄，研发所需的测试设备和生产设备都需要从国外购买，价格高昂，后期收益情况又未知，国内相关生产厂家面临很大的资金压力。

（4）开发周期较长。

一款毫米波雷达开发周期要 12 个月以上，产品还需要通过静态测试、动态测试、上车测试以及在各种复杂环境下的测试，整个研制周期至少需要 2 年。

（5）多传感器数据融合。

多传感器冗余配置和信息融合将突破单一传感器的局限性，发挥多传感器的联合优势，提高系统可靠性和鲁棒性，扩展系统的时间和空间覆盖率，更加准确和全面地感知环境。

（6）车载激光雷达算法优化和封装。

智能驾驶场景的复杂化和多样性造成了激光雷达应用算法的多元性和特异性，为了便于移植、提高开发效率，对典型算法进行优化和封装，将其作为成熟的模块提供给研发者调用是当下亟待解决的问题。

3.3.4　应用前景

1. 在环境科学领域的应用

2001 年，我国研制出第一台用于大气环境监测的车载激光雷达系统，基于大气对激光的散射、吸收和淬灭的物理过程以及对大气中激光回波进行定量分析。由于激光雷达的高空间和时间分辨率及其连续、实时和大面积的监测特点，激光雷达大气污染测量系统在大气污染环境监测和研究中的应用越来越广泛，已成为新一代的大气环境大面积快速监测的高科技手段（图 3.14）。2004 年，安徽光学精密机械研究所开发了车载拉曼散射仪。这些激光雷达包括激光雷达、偏振计散射激光雷达和多普勒测风激光雷达，已陆续投入实际使用，为我国大气气溶胶、云和臭氧的空间垂直分布测量积累了宝贵的资料，并引起了世界各国的广泛关注。

图 3.14　激光雷达探测大气细粒子

2004 年由安徽光学精密机械研究所承担，由科技部、中国科学院共同资助成立了我国重点城市环境监测站，并基本实现了大气等污染物地面定点连续、实时监测。该项目研制开发完成的车载测污激光雷达系统，将成为城市大气污染预报、预测和预警的关键设备之一，并直接用于北京等2008年奥运会举办城市的环境监测及研究工作，为奥运建设及活动进行全过程监测与评价以及对突发环境事故进行应急监测和评价，实现SO_2、NO_2等污染物的水平范围分布和垂直结构快速监测，特别是奥运村及场馆附近的O_3、颗粒物水平范围分布和垂直结构快速监测。

2. 在道路方面的应用

①车载激光雷达系统可以用于铁路重测。传统的铁路重测方法是低效的、不准确的和不安全的。使用车载激光雷达系统进行铁路重测是一项新技术，测量过程中，激光雷达系统安装在铁路通勤车或铁路检测车的后面，具有安全性高、工作效率高，能准确、直观地反映现场实际情况等优点。②用于公路的测量、维护、勘察等工作。目前，国内车载激光雷达在公路测量方面的应用已经很成熟，其服务范围基本覆盖全国，以及公路测量的各个阶段，包括初步设计、施工图设计、改扩建等。车载激光雷达技术主要用于公路拓宽勘察设计中的数据采集，包括采集地表点的平面坐标和高程，构建高精度数字地面模型（DTM），提取路线的纵向和横向数据以及结构物的空间三维坐标（图3.15）。使用车载 LiDAR 技术进行拓宽测量工作，与传统测量技术相比，具有减少现场测量工作量、降低安全风险以及提高工作效率等优点。

图 3.15 车载激光雷达点云成果

3. 在文物保护方面的应用

车载激光雷达技术能够应用于文物保护方面。我国大多数文物的形状都独具一格，结构繁琐，色彩层次较多，若以普通测量方法施测需要建立较多测量点，进而对文物造成损害；在这种情况下，如果单纯地应用普通测量方法获取文物的立体图像就根本无法实现，因而要应用主动的测量手段。车载激光雷达技术可以获取点云数据，准确反映文物内部机构组成。此外，通过系统内建立的三维模型，如果文物遭受损害后能够快速恢复相应数据。

3.4　船载激光雷达

3.4.1　船载激光雷达背景

在新的时代背景下，沿海地区不仅是推进生态文明建设、实施国家重大战略、开展自然资源综合治理的主战场，也是探索和转型的综合试验田。随着沿海地区社会经济的快速发展，周边地区的工业化和城市化进程迅速推进；与此同时，海平面上升、土地沉降、海水倒灌、河道沉降、地表不稳定、海岸侵蚀、山体滑坡、土地盐碱化、地震、风暴等各种自然灾害也越来越频繁。一方面，原有的自然环境受到经济发展带来的极大破坏，另一方面，沿海地区的地质环境受到全球环境变化的严重影响。

岛礁、沿海地区、河流、湖泊、水库、人工岛以及其他陆上和水上结构是海洋和水道测绘中一直密切关注的领域。上游和下游项目的空间信息通常是分别获取的，水下测绘使用单波束和多波束海洋测深仪，陆地测绘使用 GNSS-RTK 或航空摄影。传统的测量方法往往会留下大量的测绘盲区，水面上和水面下的高程数据不一致，使得水面和陆地的地形测量结果难以衔接。

船载激光雷达测量技术是近年来的一项新技术，可实现水陆结合部地形的无缝测量，解决了地形数据快速、精准获取等难题，尤其在地形复杂区域施测效果良好。这项技术是通过对多波束水深测量系统、激光扫描系统、定位定姿系统进行集成，根据 GNSS 提供的位置信息和惯性测量单元提供的姿态信息，解算出水下多波束点云、水上激光扫描点云在指定坐标系系统下的坐标，可应用于岛礁、海岸工程、水中构筑物等测绘（图 3.16）。因此，研究水上水下一体化测量系统，对于提高测量效率、统一测量基准、提高测量精度有重要意义。

3.4.2　船载激光雷达技术特点

船载激光雷达测量系统基于激光测距和回波探测的原理，将三维激光扫描仪（TLS）、多波束测深仪（MBES）、惯性测量单元（IMU）、GNSS 定位接收机、工业全景相机（CCD）、同步控制器等多个传感器集成，采用主动测量方式，通过走航动态同步获取水下地形。各传感器的参考中心位置由工业全站仪精确测量，并通过粗调和细调获得相对位置和安装角度。在数据处理阶段，多波束测深数据和激光点云通过横摇、纵摇和艏摇进行校准，并完成潮位校正，可以将传感器坐标系转换为 WGS-84 地心参考框架，形成测区无缝的多分辨率三维点云数据、DEM、DLG、DMI 等测量结果。船载LiDAR 测量系统具有全覆盖、高效率、高密度、高精度、全天候和同质化基准的特点。

以下是船载激光雷达的主要特点。

（1）一体化：高度集成三维激光扫描仪（TLS）、多波束测深仪（MBES）、惯性测量单元（IMU）、GNSS 定位接收机、工业全景相机（CCD）、同步控制器等多传感器系统，整机紧凑。

（2）免标定：高精度一体化刚性结构平台设计，标定出厂后无需再标定，解除用

图 3.16　船载激光雷达扫描样式

户系统标定的困扰。

（3）高精度：快速获取高精度定位定姿数据、高密度水上三维激光点云、水下多波束数据及高清全景影像。

（4）高可靠：采用紧凑式设计，具有高可靠性，支持长时间稳定工作。

（5）易安装：无需改装载体，灵活快速拆装，方便快捷。

（6）同基准：水上水下保持统一基准。

3.4.3　发展趋势

船载激光雷达测量系统是一种新兴三维空间信息探测技术，但由于多传感器集成的复杂性和水中动态测量的特点，在系统集成、应用和数据处理方面还存在许多问题。

（1）测量存在盲区。

系统的位置、水空障碍物、平台航向、船舶吃水、潮汐等因素影响了点云数据采集的完整性，在地形环境比较规整的港口码头、航道、岛屿、桥梁等区域比较适用船载 LiDAR；对潮差、坡度较大的复杂地形区域，往往存在测量的盲区。

（2）数据处理问题。现有的滤波算法存在局限性，由于海陆非地形要素差异较大，对三维激光点云和多波束测深点云的滤波大多采用交互式滤波和自动滤波，忽略了系统误差对高度和深度的影响，没有根据误差源类型和特征进行相应的滤波，忽视和弱化了误差；有些地区的点云处理结果存在不真实的地形、植被等地面附着物，直接导致无法判定地貌的真实高度。应建立测区三维动态声速场模型，实现低掠射声波束的准确归位，确保近岸多波束低掠射波束的有效性。

（3）其他问题。

固体耦合装置受海水锈蚀影响，经常出现松动，反复拆卸增加了多波束和船载激光器的校准次数，降低了作业效率；目前还没有统一的综合测量作业标准，仅依靠不同移动测量系统的互补性进行盲区测量，但多个系统的联合作业增加了激光雷达测量作业的复杂性；激光扫描仪和多波束测深仪的校准大多是单独进行的，这意味着水上和水下传感器使用不同的目标或校准场，角度安装系统误差和偏移系统误差的校准是分开进行的，这也使得船载激光雷达测量系统的校准更加复杂。

目前，我国船载激光雷达测量系统研究尚处在起步阶段，其未来的发展趋势主要表现在如下4个方面。

（1）硬件以集成为主，提高系统兼容性。

（2）加强数据处理技术和应用软件的开发，根据数据类型和特点改进点云过滤、数据分类和分割的算法，考虑植被对地形测量的影响，提取实际地貌，研究大型点云的高速显示方法。

（3）快速构建多分辨率数字高程/深度模型，精细化显示近岸复杂地形。

（4）降低成本，同时提高系统的便携性，建立行之有效的仪器检校和应用技术标准。

3.4.4 应用前景

船载 LiDAR 测量系统的出现，有效完善了传统的测量方法，解决了目前水面测绘应用缺乏有效采集设备和技术方案的问题。该系统突破了多传感器集成、多源测量数据的同步控制、配准和融合处理、水上和水下三维地形的可视化管理等技术，采用多波束测深仪和激光扫描仪获取水下和水下三维地形，可为国情普查、数字水利、智能航道、海岛礁测绘提供技术解决方案。

（1）海岛礁测量。该系统可实现海岛、海礁及其周边海域的水上、水下综合地形图测绘项目，基本实现了海岛、海礁垂直基准的统一，完成了水上、水下综合地形图的绘制工作。

（2）港口地区与水中构筑物测量。该系统可用于港区及跨海大桥等水下构筑物的综合地形测绘工程，完成水下综合地形测绘，测量结果精度满足相关测量规范的要求。此外，还可以对港口、海上桥梁等相关区域进行三维建模，为智能化港口建设奠定了基础，大大提高了桥梁、海上钻井平台的检测效率。

（3）湖泊和水库的调查勘测。该系统可以进行区域勘测和调查或进一步的三维建模，并对湖泊蓄水和海岸地形进行实时动态监测。可以有效保证湖泊蓄水安全，为实现水库、湖泊水体统计开辟了新的思路。

3.5　地面激光雷达

3.5.1　地面激光雷达背景

20 世纪末，激光研究取得了较大的进展，由于其具有方向性、单色性、高亮度、相干性的特性，激光在测绘各个领域发挥了比较大的作用。例如，利用激光的单色性和干涉性可以进行干涉测量；利用激光的方向性可以作为方向基准进行测量；利用激光高亮度的特性可以用于医疗器械等。

三维激光扫描技术是一种全新的、全自动的、高精度的立体扫描和测绘技术。使用三维激光扫描仪可以获得高效、准确和快速的三维图像数据，突破了传统的测量和数据处理方法，创造了全新的研究和应用领域。地面三维激光扫描仪可以在任何复杂的野外环境和空间进行扫描作业，直接采集各种大型、复杂、不规则、标准或非标准等实体和现实世界的三维数据；完全输入计算机并快速建立三维模型，重建目标的线、面、体等各种空间和地图数据。

虽然三维激光技术发展迅速，但在国内此项技术还不够成熟，应用和研究的软件还很少，而且对数据处理的方法也不够多，主要从以下几个方面来分析其原因：第一，由于我国在激光技术方面起步较晚，技术不够成熟；第二，由于对三维技术需求不高，我国在这方面的整体工业生产水平也不高，所以对三维技术的需求并没有国外那么迫切；第三，国家在三维领域的资金投入不足，创新人才缺乏，导致这一领域的研究薄弱。

3.5.2　地面激光雷达技术特点

地面激光雷达扫描技术的主要特点如下。

（1）非接触式测量。三维激光扫描技术采用高速激光扫描目标，是无接触测量，无需反射棱镜，对目标物体不需要进行任何表面处理，直接对目标进行扫描，采集目标点的表面点云三维坐标信息，采集的数据完全、真实、可靠。在环境恶劣、目标危险、人员无法到达的情况下，传统的测量技术无法完成，而三维激光扫描却可以做到，所以三维激光扫描技术可以用来解决危险目标、环境（或柔性目标）和人员难以到达的情况，具有明显的优势。

（2）数据采集率高。目前，使用三维激光扫描仪的相位激光测量方法甚至可以达到每秒几十万点；而使用脉冲激光或时间激光可以达到每秒几千点。可见其采样率是传统测量方法难以比拟的。

（3）高度的可扩展性。获得的数据可以与其他软件共享和交换，并可与 GNSS 和外置数码相机配合使用，更好地拓展了其应用范围，利用外置数码相机提高了色彩信息的采集效率，更完整地获取扫描获得的目标信息。良好的扩展性，也提高了横向体积数据的准确性。

（4）高分辨率、高精度。

（5）数字化程度高，兼容性好。

（6）主动发射扫描光源。

（7）结构紧凑，防护能力、环境适应能力强。

（8）应用广泛。

3.5.3 发展趋势

通常来讲，地面激光雷达相较于机载或车载等搭载平台的激光雷达产品而言，操作更加简单，且单人即可实现外业采集、数据处理全流程；在便捷性同等的情况下，精度又优于背包或手持式激光雷达产品，因此实际项目应用更加广泛，国内用户首次接触激光雷达大多会从地面激光雷达入手。

移动平台的激光雷达需要攻克多传感器组合的时间同步问题，背包或手持式激光则要解决精度或 SLAM 算法问题，相比之下，国内厂商在开发测绘级国产激光时也多会从地面激光雷达入手。

3.5.4 应用前景

1. 在建筑物重建与恢复中的应用

古代建筑是人民智慧的结晶，有着悠久的历史，它们经受了历史的演变，也经受了战争的洗礼。但有些古代建筑物已经到了需要修缮的阶段，有些需要重建和恢复。所谓建筑物的重建，是不一定要按照以前被破坏的建筑来建，是在被破坏的地方，重新建造建筑物，可以保留原有的风格，也可以有自己独特的风格。恢复则是将已经被破坏的建筑物恢复以前的面貌，使其保持原来的风姿。无论恢复、重建，都要按照应有的规范，根据已有的传统资料如历史遗留的旧照片等进行建造。

20 世纪 90 年代，三维激光扫描技术迅速发展起来，它能够高精度而且完整地重建扫描实物数据。目前三维激光扫描技术已在众多领域得到了广泛应用，尤其在建筑设计以及恢复重建方面，它可以深入任何复杂的现场环境及空间中进行扫描操作，并通过计算机系统直接完整地采集各种大型的、不规则、复杂的、标准或非标准等实体或实景的三维数据信息，进而快速重建出目标的三维模型。同时，它所采集的三维激光点云数据还可进行各种后处理工作，如测绘、监测、计量、分析、模拟、仿真、展示、虚拟现实等。

2. 在测绘工程中的应用

三维激光扫描测量技术在测绘领域有着非常广泛的应用。激光扫描技术与惯性导航系统（INS）、全球导航卫星系统（GNSS）、电荷耦合（CCD）等技术相结合，在大范围数字高程模型（DTM）的高精度实时获取、城市地面三维模型重建、局部区域的地理信息获取等方面都具有明显的优势，它成为摄影测量与遥感技术的一个重要补充，主要应用于滑坡监测、隧道检测及变形监测、边坡变形监测以及城镇地籍测量等领域。

3. 在抗震救灾中的应用

在地震发生以后，为了记录地震发生现场的真实情况和震后研究产生各种灾害的可能以及地震的原因，需要通过扫描点云数据，在计算机中模拟现场，查找灾害发生的原因。

3.6　背包式三维激光扫描仪

3.6.1　背包式三维激光扫描仪背景

在众多的激光雷达扫描模式中，还有一种背包式激光雷达扫描系统（图 3.17）。背包式激光雷达扫描系统是激光扫描产品系列的多传感器集成版本，具有效率高、精度高、操作简单、扫描范围广等特点。采集到的目标点云数据实时显示在手机或平板设备上，支持在线闭环和闭环优化，扫描完成后，可导出实时点云数据和运动轨迹，其轻巧便捷的设计可以方便地使用各种移动平台采集数据，包括手持式、步行式、骑行式和车载式；结合 GNSS、激光雷达和 SLAM 算法，实现室内外一体化测量；无论是否有 GNSS 信号，都能提供厘米级的数据精度；自动化程度高，开机即用，处理操作简单。

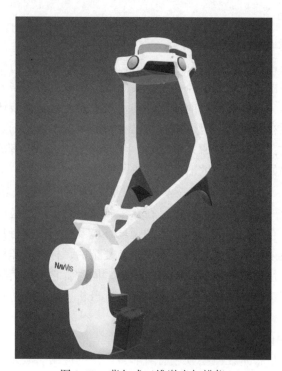

图 3.17　背包式三维激光扫描仪

GNSS 设备的蓬勃发展给测量领域带来了重大变化。与传统的光学测量仪器相比，GNSS 设备可以在开放、无遮挡的环境下更快、更准确地获取坐标位置。但是在地下空间测量中，由于卫星搜星被遮挡，GNSS 设备难以获取坐标信息，无法在此类环境中正常工作，因此地下空间测量需要一种全新的测量手段。

SLAM 技术的快速发展为无 GNSS 信号的地物测量提供了可能，SLAM 相关设备通过其独特的传感器，激光雷达定位可以在没有 GNSS 信号的情况下正常工作，并引入绝对坐标,借助相对坐标系统的传导使得整个测量内容都是准确的地理坐标。

后期的软件支持一系列的任务,如海量点云的可视化和编辑、航带的拼接、自动/半自动分类、数字模型的生成和编辑、电力线和林业分析,并支持多种数据格式导出。基于海量点云数据的处理平台,系统根据各行业的应用模块进行多源数据叠加分析,提取相关行业的场景特征点。以国际先进的核心算法和技术进行点云大数据信息挖掘,满足各行业的多层次应用需求。

3.6.2 背包式三维激光雷达扫描技术特点

3D SLAM 激光背包测绘机器人是一个背负式系统,当工作人员背负作业时,激光扫描仪的运动轨迹是一条与工作人员行走的步态有关的非线性和高动态的曲线。按照一般的理解,激光扫描仪如果安装在移动测量系统中,一定要有一个高精度的定位系统(POS)与之匹配,这样激光扫描仪得到的激光点才能得到对应的位置和姿态数据,进而合成三维的激光点云。同时,常规的移动测量系统的载具在室外一般是汽车,而汽车由于采用四轮结构的底盘,其转弯半径受限,所以它的行驶轨迹往往是局部连续可微的平滑曲线。而同样是基于激光的移动测量系统,3D SLAM 激光背包测绘机器人既没有GNSS,也没有 IMU 惯导,在如此高动态非线性的运动采集方式下,却能获得非常高精度的三维空间点云成果。

原始采集得到的激光传感器数据量庞大且杂乱无章。为了能解算出激光点云数据的高动态非线性位姿,研究人员研究了激光点云的处理算法,从这些杂乱无章的点云中找到线索,求取其中隐含的更稳定的高阶特征点和特征向量,并连续跟踪这些特征点和特征向量,进而高精度地动态反向解算激光背包测绘机器人的位置和姿态。

3.6.3 行业应用

1. 户外扫描

获得指定区域的高精度地理位置信息的三维激光点云,以进行 DLG、建筑高程和建筑面积的计算。

2. 工地扫描

获得具有高精度地理位置信息的施工现场三维激光点云,可以测量施工现场的土石方量,如煤堆、矿石堆等,并测量现场的开挖量等数据。

3. 地下车库扫描

从室外进入地下车库,可快速获取地下车库的具有高精度地理位置信息的三维激光点云数据,可以生产 DLG、地下车库三维模型、统计车位数量等。

4. 电力巡线扫描

在规划的路线上,可以快速获取具有高精度地理位置信息的输电塔和线路的三维信息,分析危险区域等异常情况。

5. 运沙船扫描

沿着船体外沿快速获取运沙船的具有高精度地理位置信息的激光三维点云。通过对每艘船只扫描一次空船建立空船数据库,船体满载时,以同样的方法对满沙船进行扫描，结合两次扫描数据，即可计算出船载泥沙土方量。

3.7　手持式三维激光扫描仪

3.7.1　手持式三维激光扫描仪背景

三维扫描技术的诞生是为了满足工业部门的设计和制造要求。其旗舰技术自推出以来已经发展到第四代。第一代是接触测量技术，第二代是线激光扫描技术，第三代是结构光扫描技术。与第一代和第二代相比，第三代在效率、成本和实用性方面有了明显的改进，并迅速在全球范围内得到普及。然而，用户现在要求进一步提高三维扫描的效率和可用性，第四代三维扫描技术——手持式三维扫描技术应运而生（图 3.18）。手持式三维扫描技术使用线激光器来获取物体表面的点云，并使用视觉标记来确定扫描仪在操作中的空间位置。由于其灵活性、效率和易用性，手持式扫描很可能成为未来的主导技术。手持式扫描提供了最大的灵活性，但由于手部运动的随机性，该技术的一个核心问题是如何在任何时候都准确和实时地确定手的空间位置。基于视觉标记点的空间定位技术是解决这一问题的关键。

图 3.18　手持式三维激光扫描仪

手持式激光三维扫描仪用于检测和分析真实物体或环境的形状（几何形状）和外观数据（如颜色、表面反照率等属性）。收集到的数据通常用于三维重建计算，在虚拟世界中创建实际物体的数字模型。其原理是基于摄影式三维扫描仪的原始设计，扫描创造物体表面的点云，这些点可以用来插补物体的表面形状，点云越密集，创建的模型越精确，可以进行三维重建。如果扫描仪能够获得表面的颜色，就可以对重建的表面进行纹理映射，也称为材质印射。

3.7.2　发展趋势

激光雷达的一个常用的商业平台是使用即时定位和地图绘制（SLAM）技术的手持式/背包式短距离激光雷达。SLAM 使激光雷达系统能够将自身定位在环境中，通常是无 GNSS 的空间。随着 SLAM 算法的改进，手持式激光雷达已成为一种常见的商业解决方案。

在商用手持设备之前，地面激光雷达是室内激光雷达的唯一通用解决方案。这些解决方案的优势在于它们的速度，多功能性和易用性。在应用程序可以容忍较低精度的地方，它们在数据采集、处理和交付时间的速度方面获得了明显的优势。

未来 SLAM 技术将与自主性较强的无人机相结合，可为采矿和复杂的封闭场所提供强大的室内制图解决方案。应用无人机避障功能，使无人机能够超视距飞行，并且激光雷达数据会实时回传给操作员。在未来几年中，预计将有更多基于 SLAM 的手持式激光雷达系统进入市场。

3.7.3　应用前景

1. 逆向工程

逆向工程又称反向工程（图 3.19），即相对于正向设计而言，根据已有产品，逆向推出产品设计数据（包括各类设计图或数据模型）的过程，从而生成 CAD 模型来精准复现原始设计。逆向工程技术在机械制造、航空航天、汽车制造等行业，都扮演着不可或缺的角色，被广泛地应用到新产品开发和产品改型设计等领域。

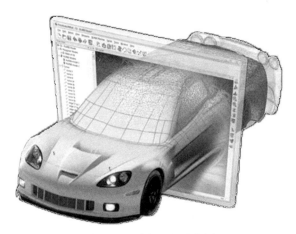

图 3.19　逆向工程示意图

随着现代制造工艺和产品设计水平的不断提高，产品的复杂性和精确性，使得人工逆向测绘变得越来越困难，特别是一些结构复杂、弧度较大的零件，通过传统的人工测绘很难完成精确测量。手持式三维激光扫描仪可以大大缩短产品设计开发周期，加快产品的迭代速度。

2. 质量控制

质量控制是任何产品制造过程中的一个重要部分,在精密部件的生产中尤为重要。随着制造水平的提高,对零部件质量检测的要求也在提高。在提倡高效率的现代工业中,传统的检测方法费时费力、效率低下,因为它们无法捕捉结构复杂的零件的完整数据,也无法检测出容易变形或弯曲的零件。手持式三维激光扫描仪可以通过非接触式三维扫描技术获取产品的三维点云数据,利用三维检测软件对数据进行处理,并将优化后的数据导入 CAD 软件,便于数据分析,快速、有效地对产品几何形状进行三维检测。

3. 文物保护

为文物建立“数字档案”是当下文物保护领域的一大趋势,建立融合保护、研究、管理、展示为一体的文物数字化档案及数字化博物馆,不仅能使普通大众对文物的状况了如指掌,还可以及时把握文物若干年后的形态变化,一旦因自然灾害或人为原因受损,可进行精度极高的修复。在文物扫描领域,利用手持三维扫描仪,可快速、精准地获取扫描对象的三维数据,利用专业三维软件生成细节丰富的高精度彩色三维模型。

思考与练习

1. 星载激光雷达的应用领域有哪些?
2. 机载激光雷达技术的优势和不足分别是什么?请作简要论述。
3. 车载激光雷达未来的发展趋势是怎样的?
4. 请简述地面三维激光扫描技术的特点。
5. 手持三维激光扫描仪主要应用于哪些领域?

第4章　典型激光雷达扫描系统产品

激光雷达（LiDAR）测量技术是从 20 世纪中后期逐步发展起来的一门高新技术，具有广阔的应用前景，且硬件设备在国外已相当成熟，绝大部分属于硬件和系统集成方面的关键问题已经得到解决。同时国内外诸多厂商机构利用这种系统已经获得了大量的野外实测数据，并已经应用到很多具体的领域。

目前，已有多家厂商机构能提供成熟的激光雷达测量系统。针对不同的应用范围，每种激光雷达测量系统的技术参数指标具有一定的差异。激光雷达测量系统的技术参数主要包括使用的扫描方式、激光脉冲的脉宽、激光发射脉冲频率、扫描频率、扫描角、飞行高度、姿态测量精度指标等。激光脉冲的频率、扫描频率、飞行高度、飞行速度，还有扫描角，将共同决定激光脚点的间距和采样密度，扫描角和飞行高度将决定扫描带宽。有些系统不仅能记录激光脉冲的测距信息，而且还能同时记录激光脉冲回波的强度信息。有些系统能记录同一束发射激光脉冲的多次回波信号，有些系统也能通过切换开关控制记录首次回波信号或尾次回波信号，这对于具体的应用将给用户提供更丰富的数据。不同的系统所使用的惯性测量装置也会有所不同，惯性测量装置的精度指标差异会导致不同系统提供的数据精度有较大的差异。

激光雷达扫描系统由三维激光扫描仪、双轴倾斜补偿传感器、电子罗盘、旋转云台、系统软件、数码全景照相机、电源以及附属设备组成。

（1）三维激光扫描仪主要由三维激光扫描头、控制器、计算及存储设备组成。激光扫描头是一部精确的激光测距仪，由控制器控制激光测距和管理一组可以引导激光并以均匀角速度扫描的多边形反射棱镜组成。激光测距仪主动发射激光，同时接收由自然物表面反射的信号而进行测距，针对每一个扫描点可测得测站至扫描点的斜距，再配合扫描的水平和垂直方向角，可以得到每一扫描点与测站的空间相对坐标。

（2）双轴倾斜补偿传感器通过记录扫描仪的倾斜变化角度，在允许倾斜角度范围内实时进行补偿置平修正，使工作中的扫描仪始终保持在水平垂直的扫描状态。

（3）电子罗盘具有自动定北和指向零点的修正功能。

（4）旋转云台是保持扫描仪在水平和垂直任一方向上可固定并能旋转的支撑平台。

（5）系统软件一般包括随机点云数据操控获取软件、随机点云数据后处理软件或随机点云数据一体化软件。

（6）电源以及附属设备包括蓄电池、笔记本电脑等。

本章将从自研激光雷达厂家出发，介绍几款国内外主流的激光雷达扫描系统硬件产品及部分软件产品。

4.1　RIEGL 激光雷达产品

RIEGL（瑞格）是一家位于奥地利的激光测量系统公司，公司自 1998 年向市场成功推出首台三维激光扫描仪以来，有着 40 多年的激光产品研发制造经验，是一家成熟、专业的三维激光产品厂商，技术水平一直处于世界领先地位，RIEGL 激光测量产品在世界各地各行各业都有着广泛的应用，为用户提供了众多专业的解决方案。

4.1.1　地面激光扫描系统

RIEGL 地面激光扫描仪可快速、高效地提供详细且高度准确的 3D 数据，应用范围广泛，包括地形测量、采矿、竣工测量、建筑学、考古学、各种工程监测、土木工程和城市建模。

RIEGL VZ 系列（图 4.1）是一款先进的三维激光扫描系统，采用 RIEGL 最新的 LiDAR 波形处理技术。RIEGL VZ 系列三维激光扫描仪具有优越的多种测程及超长距离测量能力，并且沿用了 RIEGL 其他扫描仪对人眼安全的一级激光；且基于数字化回波和在线波形分析功能，实现超长测距能力；甚至可以在沙尘、雾天、雨天、雪天等能见度较低的情况下使用并进行多重目标回波的识别，在矿山等困难的环境下也可轻松使用，如图 4.1 所示。

图 4.1　RIEGL VZ 系列三维激光扫描仪

RIEGL VZ 系列的实时数据流是通过双处理平台实现的，一个平台用于数据采集、波形处理和系统操作，另一个处理平台可以同时进行数据在线拼接，添加地理参考和分析。并且提供了 3G/4G 通信接口、Wi-Fi 和以太网交互硬件。凭借内置集成的定向传感器（MEMS IMU，磁罗盘和气压计）及高频率的激光发射率，可以在多种环境下使用。

且这套系统具有非常高的兼容性，通过 USB 端口和固定安装点可以支持很多外部设备和附件。

RIEGL VZ 系列类型产品参数如表 4.1 所示。

表 4.1　　　　　　　　　　　**RIEGL VZ 系列产品参数**

	RIEGL VZ-400i	RIEGL VZ-2000i	RIEGL VZ-4000	RIEGL VZ-6000
项目	参数			
扫描距离	有效最大测程：800m	有效最大测程：2500m	有效最大测程：4000m	有效最大测程：6000m
扫描精度	测距误差±5mm	测距误差±5mm	测距误差±15mm	测距误差±15mm
重复精度	测距误差±3mm	测距误差±3mm	测距误差±10mm	测距误差±10mm
扫描模式	脉冲			
GPS	内置			
扫描仪操作控制界面	手写触摸屏，真彩色显示			
激光扫描速度	发射频率：120 万点/秒		发射频率：30 万点/秒	
激光器等级	一级激光			
内置相机	外置	外置	内置	内置
扫描视场角	水平 360°垂直 100°	水平 360°垂直 100°	水平 360°垂直 60°	水平 360°垂直 60°
指南针	内置			
仪器重量	约 9.7kg（带天线）	约 9.8kg（带天线）	约 14.5kg	约 14.5kg
温度范围	存储：−10 ~50℃ 操作：0~40℃			
双轴补偿器	±10°			
供电系统	可同时连接两个独立的外部电源不间断运行，此外还可以连接 RIEGL 一体化电池			
扫描仪操作系统	支持网络连接，通过 App 远程操控			
点云后处理软件	RISCAN 可自动拼接，去噪导出			

4.1.2　机载/车载激光扫描系统

机载、车载激光扫描可以快速、高精度、高效地捕获大面积区域（如农业或林业场所、城市区域、工业厂房等）3D 数据。

RIEGL VMX-RAIL 是一款用于轨道测图和净空测量的高集成度移动车载激光雷达测量系统，如图 4.2 所示。其可在具有挑战的环境下进行高精度测量，采集铁路设施、铁路网结构、周边植被，且支持移动平台速度最高 130km/h，可在常规运营时使用；集成三台激光雷达，能够实现高效率、高精度及丰富特征的数据采集，可大量减少测量死角，并且具有多种相机系统供选择，可用高分辨率影像辅助激光扫描数据。

图 4.2 RIEGL VMX-RAIL 三维激光扫描仪

RIEGL 车载系列产品还有 RIEGL VMZ 和 RIEGL VUX-1HA 等，其主要参数如表 4.2 所示。

表 4.2 　　　　　　　　　　　　　　**RIEGL 车载系列产品参数**

RIEGL VMX-RAIL	RIEGL VMZ	RIEGL VUX-1HA
项目	参数	
最大测量范围	420m	800m	475m
精度/相对精度	5mm/3mm	5mm/3mm	5mm/3mm
视场范围	360°	360°	360°
激光等级	一级	一级	一级
扫描速度（可选）	750 线/秒	240 线/秒	1250 线/秒
温度范围	作业：−10~40℃ 存储：−20~50℃		
应用	快速安全的数据采集，对网络调度干扰小。铁道设施资产管理，竣工测量，轨道基础设施监测、碰撞检测模拟和净空分析，铁道规划与管理	1. 移动应用： 数据和图像采集、地理信息系统测绘与数据管理、城市建模、露天矿测量、堆料测量、道路表面测量、海岸测量和海洋应用； 2. 静态应用： 土木工程、地形测量、监测、建筑建模、矿业、建筑测量、考古	室内和室外激光测图、隧道剖面测量、铁路应用，如间隙分析等

RIEGL minVUX-1DL 轻型无人机激光扫描仪，其外形特点为激光头垂直向下，优化了视场范围，特殊的设计充分满足了廊道测图的需求。因此，RIEGL miniVUX-1DL 常应用于电力线和管道巡查任务，或是公路和铁路的基础设施检查等项目。RIEGL miniVUX-1DL 采用波形 LiDAR 技术，允许回波数字化和在线波形处理，基于多目标分辨能力，能够穿越茂密的树叶，如图 4.3 所示。

图 4.3　RIEGL miniVUX-1DL 轻型无人机激光扫描仪

RIEGL miniVUX-UAV 是一款极其轻小的无人机专用机载激光雷达，适合搭载在小型直升机和无人机上。RIEGL miniVUX-UAV 支持 200kHz 的激光发射频率，传感器最高可达 20 万点/秒的测量速率，为基于无人机应用的地面数据采集提供了更高的点密度，更多的数据细节。具有 360° 全视场角，能够采集全景扫描数据。其多目标探测能力使其能得到茂密的植被下高精度的测量成果。同时 RIEGL miniVUX-UAV 的另一个特点，波长适用于冰、雪地形测量，如图 4.4 所示。

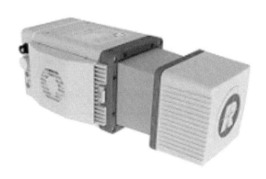

图 4.4　RIEGL miniVUX-UAV 轻型无人机激光扫描仪

RIEGL VUX-1LR 是一款轻便小巧的机载激光雷达，可以搭载在多种直升机、旋翼机和小型飞行器上，具有优秀的测量性能和超高的系统集成度，RIEGL VUX-1LR 通过近红外激光束和快速线扫描实现数据的高速获取。基于 RIEGL 独一无二的回波数字化和在线波形处理技术，VUX-1LR 可实现高精度的激光测量，即使在大气条件不佳的情况下也可以获得高质量的测量结果，并且可识别多目标回波，如图 4.5 所示。

图 4.5　RIEGL VUX-1LR 轻型无人机激光扫描仪

　　RIEGL VUX 系列机载激光扫描仪，可以搭载在多种无人飞行平台上，RIEGL VUX-1UAV 能以任意方向进行安装，以适应无人飞行器有限的空间。其低功耗的特点，使得整个设备仅需采用单一电源供电，从而大大减轻了整个系统的重量，满足了无人机苛刻的载荷要求。

　　RIEGL VUX 系列部分产品具体参数如表 4.3 所示。

表 4.3　　　　　　　　　　**RIEGL VUX** 系列机载激光扫描仪参数对比

	RIEGL mini VUX-1DL	RIEGL mini VUX-UAV	RIEGL VUX-1LR	RIEGL VUX-1UAV	RIEGL VUX-120	RIEGL VUX-240
项目	参数					
最大测量范围（反射率 $\rho \geqslant 60\%$）	240m	290m	1630m	1250m	1260m	1900m
重量	2.4kg	1.55kg	3.5kg	3.5kg	2kg	4.1kg
精度/重复精度	15mm/10mm	15mm/10mm	10mm/5mm	10mm/5mm	10mm/5mm	20mm/15mm
视场范围	46°视场角，天底偏离 23°	360°	360°	360°	100°	75°
激光等级	一级	一级	一级	一级	一级	一级
扫描速度（可选）	100 万点/秒	100 万点/秒	150 万点/秒	120 万点/秒	180 万点/秒	180 万点/秒

续表

	RIEGL mini VUX-1DL	RIEGLmini VUX-UAV	RIEGL VUX-1LR	RIEGL VUX-1UAV	RIEGL VUX-120	RIEGL VUX-240
项目	参数					
温度范围	作业：0~40℃ 存储：-20~50℃					
应用	管道和电力线巡查、公路和铁路巡查、廊道测图	农业及林业调查、考古及文化遗产保护、施工现场监测、冰川雪地测绘、滑坡监测	带状测绘，电力线巡查，铁路、管线普查，露天矿地形测量，峡谷制图，城市环境测量，考古和文化遗产保护，农业及林业调查，资源管理，小范围测量快速响应碰撞分析，风险预测等			

4.1.3 点云处理软件

RiPROCESS 软件是用于激光雷达数据处理的 RIEGL 软件包。它设计用于管理、处理、分析和可视化使用机载激光扫描系统（ALS）、无人机载激光扫描系统（ULS）和车载激光扫描系统（MLS）获得的数据。RiPROCESS 软件界面如图 4.6 所示。

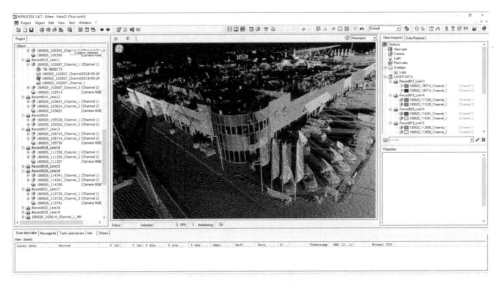

图 4.6　RiPROCESS 软件界面

RiSCAN PRO 是 RIEGL 地面 3D 激光扫描仪系统的配套软件。RiSCAN PRO 以项目为导向，即在测量活动期间获得的全部数据都组织并存储在 RiSCAN PRO 的项目结构中。这些数据包括扫描、精细扫描、数字图像、GPS 数据、控制点和结对点的坐标，以及将多个扫描数据转换为通用明确定义的坐标系统所需的转换矩阵。

RiSCAN PRO 软件旨在优化该领域的内业工作流程，并为内业工作后 3D 数据覆盖的总体完整性提供可视化检查的工具。除了数据采集之外，它还为数据处理提供了多种功能。

其各种软件及相应的主要功能如表 4.4 所示。

表 4.4　　　　　　　　　　　　　软件及相应的主要功能

RiPROCESS	用于运动激光雷达数据处理的 RIEGL 软件包。它设计用于管理、处理、分析和可视化使用机载激光扫描系统（ALS）、无人激光扫描系统（ULS）获得的数据，以及基于 RIEGL 激光扫描仪的移动激光扫描系统（MLS）	1. 用于管理和处理 RIEGL ALS、ULS 和 MLS 数据的项目导向型软件； 2. 在多工作站环境中运行，并行任务处理； 3. 以不同的可视化格式快速访问数据以进行检查； 4. 系统校准和扫描数据调整参考统计分析，匹配质量； 5. 点云分类
RiSCAN PRO 2.0 RIEGL	以项目为导向，即在测量活动期间获得的全部数据都组织并存储在 RiSCAN PRO 的项目结构中。数据包括扫描、精细扫描、数字图像、GNSS 数据、控制点和结对点的坐标，以及将多个扫描数据转换为通用的明确定义的坐标系统所需的所有转换矩阵	1. 配套软件到 RIEGL 3D 地面扫描仪系统； 2. 数据采集、可视化和处理； 3. 与后处理软件的对接； 4. 支持照片测量功能； 5. 大地测量工具； 6. 自动过滤； 7. 点云着色； 8. 创建动画； 9. 创建绘图； 10. 体积计算

4.2　FARO 激光雷达产品

FARO 成立于 2004 年，作为三维测量、成像和实现解决方案的全球领导者，擅长在数字世界和现实世界之间建立联系。致力于帮助制造商杜绝高昂的错误，帮助建筑工人建设令人惊叹的项目，帮助执法人员更透彻地查明案件真相；为工程师、设计师和调查人员提供工具，助他们更快地完成工作。

4.2.1　地面激光扫描系统

FARO Focus 激光扫描仪专为建筑、工程、建造、公共安全和取证以及产品设计等行业的室内外测量应用而设计。这些设备实现世界数字化，获取用于分析、协作和作出最佳决策的信息，以改进和确保项目、产品的总体质量，如图 4.7 所示。

Focus 激光扫描仪提供诸多高级功能。除了增强的距离，角度精度和量程外，其现场补偿功能可确保高质量的测量，而外部配件扩展区和 HDR 功能使扫描仪非常灵活，

图 4.7 FARO Focus 激光扫描仪

其产品参数如表 4.5 所示。

表 4.5 **Focus 激光扫描仪详细参数**

设备型号	FARO FocusM 70	FARO FocusS（70/150/350）	FARO FocusS（150 Plus/350 Plus）
产地	美国	美国	美国
扫描距离	0.6~70m	0.6~70/150/350m	0.6~150/350m
扫描速度	50 万点/秒	100 万点/秒	200 万点/秒
扫描范围（水平~垂直）	360°~300°	360°~300°	360°~300°
测距误差	±3mm	±1mm	±1mm
最高分辨率	1.5mm@10m	1.5mm@10m	1.5mm@10m
全景像素	1.65 亿像素	1.65 亿像素	1.65 亿像素
激光等级	一级	一级	一级
数据存储	SD 卡	SD 卡	SD 卡
无线通信	WLAN	WLAN	WLAN
双轴补偿器范围	±2°	±2°	±2°
双轴补偿精度	19 角秒	19 角秒	19 角秒
传感器	GNSS 高度计 指南针	GNSS 高度计 指南针	GNSS 高度计 指南针
激光对中	否	否	否

续表

设备型号	FARO FocusM 70	FARO FocusS （70/150/350）	FARO FocusS （150 Plus/350 Plus）
反向安装	是	是	是
电池使用时间	4.5h（单块）	4.5h（单块）	4.5h（单块）
防护等级	IP54	IP54	IP54
重量	4.2kg（含电池）	4.2kg（含电池）	4.2kg（含电池）
工作温度	5~40℃	5~40℃	5~40℃
存放温度	−10~60℃	−10~60℃	−10~60℃
尺寸（长×宽×高）	230mm×103mm×183mm	230mm×103mm×183mm	230mm×103mm×183mm

4.2.2　点云后处理软件

FARO SCENE 软件可进行数据处理和扫描配准。使用三维 SCENE 软件，用户可针对真实物体和环境创建逼真的三维可视化图像，并以各种格式导出该数据。SCENE 还具有令人印象深刻的虚拟现实（VR）视图，使用户能够在 VR 环境中体验和评估捕捉的数据，其软件界面如图 4.8 所示。

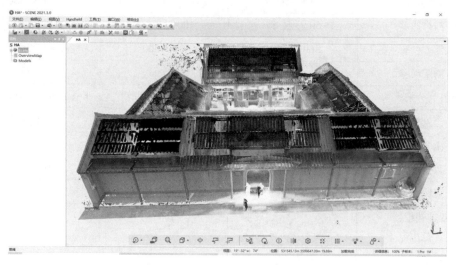

图 4.8　FARO SCENE 软件操作界面

4.3　南方测绘激光雷达产品

广州南方测绘科技股份有限公司（简称南方测绘），是一家集研发、制造、销售和技术服务于一体的测绘地理信息产业集团。业务范围涵盖测绘装备、卫星导航定位、无人机航测、激光雷达测量系统、精密测量系统、海洋测量系统、精密监测及精准位置服务、数据工程、地理信息软件系统及智慧城市应用等，致力于行业信息化和空间地理信息应用价值的提升。

4.3.1 地面激光扫描系统

SD-1500（见图4.9）作为南方测绘自主研发的全面国产地面三维激光扫描测量系统，使用高效能三维激光扫描模块，实现1.5～1500m扫测范围，最高可达200万点/秒，5mm@100m精度。其卓越性能，为测量作业提供更多可能；一束激光多个目标，更大密度，获取准确地表信息，满足多植被地形测量需要；真正实现架站即扫描，所见即所得，广泛应用于古建筑修复、立面测绘、矿洞扫描、智慧城市等领域。

图4.9 SD-1500地面三维激光扫描测量系统

SD-1500产品详细参数如表4.6所示。

表4.6 **SD-1500产品参数**

产品型号	SD-1500
项目	参数
扫描距离	有效最大测程：1500m
扫描精度和模式	测距误差5mm@100m，相位式
GPS	内置
扫描仪操作控制界面	触摸屏，真彩色显示
激光扫描速度	发射频率：200万点/秒
激光器等级	一级激光
扫描视场角	水平360°，垂直300°

续表

仪器重量	7.3kg
双轴补偿器	补偿范围±15°，补偿精度 0.008°
供电系统	内置电池连续作业不低于 3.5h
点云后处理软件 LidarStar	处理原始点云数据，拼接，去噪，导出

　　SPL-1500（见图 4.10）作为南方测绘自主研发的第二代全面国产地面三维激光扫描测量系统，汇聚了南方测绘数十年的光、机、电核心技术积累，以更高效的三维激光扫描系统，保证高精度测量。该系统测量范围为 1.5~1500m，测量速度可达 200 万点/秒，6kg 超轻主机，适合中、长距离各类场景的综合使用。

图 4.10　SPL-1500 三维激光扫描仪

　　SPL-1500 具体参数如表 4.7 所示。

表 4.7　　　　　　　　　　　　　　　**SPL-1500 产品参数**

产品型号	SPL-1500
扫描范围	1.5~1500m
测距精度	5mm@ 100m
测量速度	200 万点/秒
角精度	0.001°（水平）/0.001°（垂直）
扫描视场	垂直 300°，水平 360°
激光等级	一级激光
激光波长	1550m

续表

光束发散角		约 0.3mrad
通信接口		USB3.0、外部电源、千兆以太网
数据存储		高速 SD 卡
相机		内置（1300 万×2）
控制方式		5 寸 HD（720×1280）触摸屏，通过 WLAN 连接，进行远程控制
传感器	双轴补偿器	补偿范围：±15°，精度：0.008°
	高度传感器	支持
	温度传感器	支持
	指南针	支持
	GNSS	内置支持 GPS（L1）和北斗（B1）
供电方式		电池或者外界直流电
功耗		25W
续航时间		4h
工作温度		−10~55℃
储存温度		−35~70℃
防护等级		IP54
重量		不含电池 6kg，电池 0.45kg
尺寸		247mm×107mm×202mm

4.3.2 机载激光扫描系统

SAL-1500 机载三维激光扫描测量系统如图 4.11 所示，由南方测绘自主研发生产，测程长达 1500m，测量速度高达 200 万点/秒，扫描头重量轻至 2.6kg，配备专业级飞行控制平台智航 SF-1650，作业时长可达 50min，能够轻松应对测绘、交通、林业、地质

图 4.11 SAL-1500 三维激光扫描仪

灾害调查、电力等行业的数据采集工作。

其具体参数设置如表 4.8 所示。

表 4.8　　　　　　　　　　　　**SAL-1500 产品参数**

型号	SAL-1500
工作原理	脉冲式
扫描测程	1.5~1500m
系统相对精度	20mm
测量速率	200 万点/秒
扫描速度	400 线/秒
多目标探测	4 次回波
视场范围	360°
激光等级	一级激光
激光波长	1550nm
光束发散角	0.3mrad
通信接口	供电接口，RS232S 串口，相机接口，以太网接口，风扇接口，GNSS 天线接口，SD 卡接口
传感器	IMU/GNSS
影像	外接相机
数据存储	内置 1TB 固态硬盘，外置 SD 卡
控制方式	通过 WLAN 连接，配合 PC/平板进行远程控制
供电电压	18~48V
平均功耗	20W
工作温度	-20~55℃
存储温度	-35~70℃
防护等级	IP65
主机重量	2.6kg（激光器）
主机尺寸	297mm×160mm×120mm（激光器）
平台兼容性	机载、车载、背包

4.3.3　点云后处理软件

1. SouthLidar

SouthLidar 是一款点云显示及后处理软件，集海量点云浏览、点云渲染、点云纠正、点云裁剪、DEM 生产、点云量测、全景叠加量测、地图定位、DLG 矢量绘制等功能于一体，服务于移动测量点云后处理解决方案。其软件界面如图 4.12 所示。

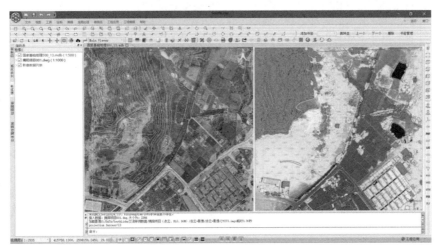

图 4.12 SouthLidar 点云后处理软件

2. LidarStar

LidarStar 是由南方测绘完全自主研发的点云预处理软件，可实现包括数据导入、补偿改正、数据浏览、智能量算、智能拼接、一键降噪等多种功能，其软件界面如图 4.13 所示。

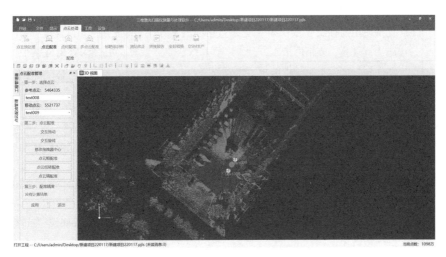

图 4.13 LidarStar 点云后处理软件

点云后处理软件主要功能如表 4.9 所示。

表 4.9　　　　　　　　　南方测绘三维激光后处理软件介绍

软件	功 能 介 绍
三维激光地形地籍成图软件SouthLidar	点云显示及后处理软件，集海量点云浏览、点云纠正、点云渲染、点云裁剪、点云量测、全景叠加显示及量测、地图定位、DLG 矢量线绘制等功能于一体，集成字符库标准，服务于移动测量点云后处理解决方案。 1. 支持加载 .las、.xyz、.ply、.pcd 等格式点云，点云加载量超过 200GB； 2. 可按包围盒、GPS 时间等方式筛选点云； 3. 可根据高程、强度、时间、类别、强度、边缘增强等方式渲染点云，并支持保存渲染方案； 4. 支持算法自动分类点云地面点，支持手动分类点云； 5. 支持基于点云地面点实时构建并导出三角网模型，并使用 BRUSH 工具快速编辑优化三角网，支持按类别、高程、光照方向渲染三角网模型； 6. 可使用控制点验证 DEM 数据三角网精度，并输出精度报告； 7. 可基于 DEM 快速生成等高线，并支持贝塞尔曲线、张力样条曲线、三次 B 样条曲线等方式拟合等高线，生成的等高线直接是 .dwg 或 .mdb 等格式，无需转化； 8. 支持基于同名点精化点云，能够实时可视化消除点云分层，并能进行同名点误差统计； 9. 支持全景影像显示，并能实现点云和全景自动匹配；可使用双像量测功能能量测像素空间坐标，并能在全景影像中量取坐标、边长和面积等参数； 10. 支持断面生产，可生成、编辑断面线，根据断面线快速显示点云剖面；可直接在剖面按照坡度或间距自动提取特征点，并能手动添加特征点； 11. 支持 CASS、纬地等常见断面格式输出，支持不同断面格式一键转化；断面格式满足相对中桩距离+绝对高程、相对中桩距离+与中桩高差、里程+绝对高程、特征点坐标+相对中桩距离等格式； 12. 支持使用高程点或者 DEM 数据进行格网法土方计算；支持三角网法土方计算、断面法土方计算、方格网法土方计算、等高线法土方计算；可自动算出待整平场地的目标高程，使需平整场地的填方挖方相等； 13. 可将点云在 GIS 地图上叠加显示； 14. 具有骨架线符号化技术，具备完善的国标符号库，支持国标 1∶500、1∶2000、1∶5000、1∶10000 等比例尺符号模板； 15. 支持在点云、倾斜三维模型、正射影像、DEM 数据上成图；可双窗口联动、三窗口协同作业； 16. 支持水平切片、垂直切片显示点云，可调整切片厚度、移动步距、自定义切片高程；支持局部点云快速框选显示、导出等操作； 17. 支持导入、导出多种常见矢量数据格式；支持 .mdb、.dwg、.gdb 等矢量数据带属性一键转化； 18. 支持自动批量修剪等高线，居民地叠盖缝隙检查；支持用户自定义组合质检流程，自定义编辑质检规则； 19. 类似 CAD 操作习惯，支持自定义编辑快捷键、自定义工具栏，与 CASS 无缝衔接

续表

软件	功 能 介 绍
南方测绘 三维激光 后处理软 件 Lidar-Star	1. 支持多站合并导出以及导出前支持对点云的裁剪、抽稀 2. 支持点云的倾角补偿、点云噪点过滤、抽稀 3. 支持多种点云渲染方式，包括测站颜色、扫描真彩色、灰度点云、强度色阶 4. 支持两站间点云的自动配准，同时兼容手动配准以及连续测站一键配准 5. 对任意角、水平角、坡度及对两点间距离、平距、垂距的测量

4.4　Terrasolid 软件产品

Terrasolid 是用于点云和图像处理的行业标准软件，是第一套商业化 LiDAR 数据处理软件，基于 Microstation 开发的，运行于 Microstation 系统之上，专为满足地理空间、工程、运营和环境专业人员的要求而开发（图 4.14）。软件提供多功能且功能强大的工具，用于创建 3D 矢量模型、特征提取、正射影像、地形表示、高级点云可视化等，包括用于校准和匹配 LiDAR 数据的点云的最佳工具。

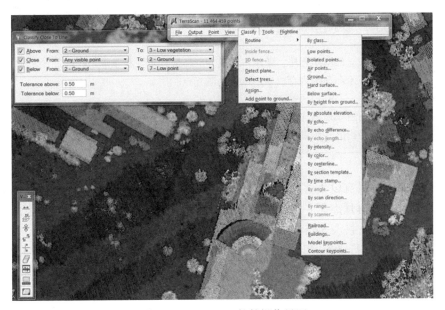

图 4.14　Terrasolid 软件操作界面

Terrasolid 软件开始于 2000 年前后，起初只处理机载 LiDAR 点云和影像数据，2006年之后，随着地面移动激光扫描的发展，逐渐支持车载激光扫描数据的处理。目前如何更好地处理车载数据是 Terrasolid 升级的主要内容之一。2012 年之后，随着无人机技术的兴起，Terrasolid 软件开始尝试处理无人机影像点云数据，并且在 2018 年推出无人机专版的软件模块。

Terrasolid 软件的主要模块及基本功能介绍如表 4.10 所示。

表 4.10　　　　　　　　　　　　Terrasolid 主要模块及基本功能

软件模块	基　本　功　能
TerraMatch	自动修复从不同激光数据点条带之间的不匹配。它可以用于激光扫描仪系统的校准和修复项目数据
TerraModeler	通过三角形创建地形表面模型。可以创建地表面、土壤层或设计表面。创建的模型可以基于测量数据、图形元素、激光数据或者 xyz 文本文件
TerraPhoto	用来纠正在激光扫描测量飞行时产生的数码照片并生产正射影像
TerraPipe	用于地下管道设计。它提供了强大的工具来设计雨水、污水、给水和灌溉等管道网络
TerraScan	处理激光扫描数据。从文本或二进制文件读取在激光点，并三维方式查看点云，分类数据，创建基于点的矢量数据
TerraSlave	是一个独立的应用程序，处理 TerraScan 的运行宏命令。可以分布式处理和调度任务，以获得最优的时间和工作性能
TerraStereo	是一个独立的应用程序，使用单通道和立体模式来查看非常大的点云。它利用先进的点渲染技术和显卡内存以显示巨大的激光点
TerraStreet	是一个街道设计的应用程序。包括 TerraModeler 的所有地形建模能力。街道设计过程从创建沿街的三维截面（水平和垂直）的几何图形开始

Terrasolid 软件具有以下优势。

（1）快速加载海量点云：Terrasolid 软件具有快速加载海量点云的技术优势，在标准配置的工作站下，载入 3900 万个点只需要 40 多秒。

（2）广泛适用行业应用点云数据格式：EarthData EEBN，EarthData EBN，Fast binary，LAS 1.0/1.1/1.2，Scan binary 16/18 bit lines。

（3）可拓展支持的数据格式：.xyz，.txt，.bin，.ebn，.fbi，.las。

（4）支持多种扫描仪采集手段：静态的地面架站式扫描仪、移动式车载或机载扫描仪。

（5）特定模块能作为激光扫描仪的校正工具，解决激光扫描仪和惯性测量装置间配准偏差的问题，提高源数据质量。

思考与练习

1. 激光雷达的差异性指标主要体现在什么地方？激光雷达测量系统的技术参数指标包括什么？这些参数指标用来决定什么？

2. 激光雷达测量系统的技术参数指标用来决定什么？

3. 简述激光雷达扫描系统的组成。

4. 地面式激光扫描系统与移动式激光扫描系统的区别是什么？

5. 了解各激光扫描系统的参数及其应用领域。

第5章 坐 标 系 统

5.1 参心坐标系与地心坐标系

坐标系由原点和坐标轴组成。坐标系种类很多，像数学中常见的笛卡儿坐标系、极坐标系、球面坐标系和柱面坐标系，在地学领域，用到最多的是平面坐标系、空间直角坐标系（前两者属于笛卡儿坐标系）和球面坐标系。比如说一个点坐标是（-2850017.472，4690744.523，3237959.973）就是指空间直角坐标，而我们经常看到的电子地图上的点的坐标（37°20′17″N，112°33′20″E）就是指球面坐标。

参心坐标系：是以参考椭球体的几何中心为基准的大地坐标系。通常分为：参心空间直角坐标系(以 x、y、z 为其坐标元素)和参心大地坐标系(以 B、L、H 为其坐标元素)。

地心坐标系(ECEF)：是以地球质心为原点建立的空间直角坐标系，或以球心与地球质心重合的地球椭球面为基准面所建立的大地坐标系。以地球质心(总椭球的几何中心)为原点的大地坐标系，通常分为地心空间直角坐标系(以 x、y、z 为其坐标元素)和地心大地坐标系(以 B、L、H 为其坐标元素)。其中地心坐标系是在大地体内建立的 $O-XYZ$ 坐标系。原点 O 设在大地体的质量中心，用相互垂直的 X、Y、Z 三个轴来表示，X 轴与首子午面与赤道面的交线重合，向东为正；Z 轴与地球旋转轴重合，向北为正；Y 轴与 XZ 平面垂直构成右手系。

表 5.1 地心坐标系与参心坐标系

	地心坐标系	参心坐标系
原点定义	以地球质心（总椭球的几何中心）为原点的大地坐标系	以参考椭球的几何中心为原点的大地坐标系
椭球定位	总地球椭球体中心与地球质心重合，总地球椭球面与全球大地水准面差距的平方和最小	参考椭球体中心与地球质心不重合，参考椭球面与区域大地水准面差距的平方和最小
椭球定向	椭球短轴与地球自转轴重合	椭球短轴与地球自转轴平行
适用范围	全球测图	区域（国家）测图
实例	WGS-84 坐标系 2000 国家大地坐标系	1954 北京坐标系 1980 西安坐标系

5.2 地理坐标系

地理坐标系是用经纬度表示的坐标系，国际上通用的地理坐标系是 WGS-84 坐标系。国内常用的地理坐标系有 1954 北京坐标系、1980 西安坐标系、2000 国家大地坐标系以及地方坐标系；其中，早期 1980 西安坐标系最为常见，也要少部分是 1954 北京坐标系，2000 国家大地坐标系目前是我国今后的主流坐标系。在涉及不同坐标系转化的时候，通常是把 1954 北京坐标系、1980 西安坐标系、2000 国家大地坐标系转为通用的 WGS-84 坐标系（图 5.1）。

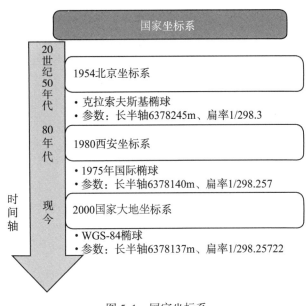

图 5.1 国家坐标系

1. 1954 北京坐标系

新中国成立初期，为了迅速开展我国的测绘事业，鉴于当时的实际情况，将我国一等锁与苏联远东一等锁相连接，然后以连接处呼玛、吉拉宁、东宁基线网扩大边端点的苏联 1942 年普尔科沃坐标系的坐标为起算数据，平差我国东北及东部区一等锁，这样传算过来的坐标系就定名为 1954 北京坐标系。因此，1954 北京坐标系（图 5.2）可归结为：

$$长半轴 \quad a = 6378245\text{m}$$

$$短半轴 \quad b = 6356863.0188\text{m}$$

$$扁\quad率 \quad f = 1/298.257223563$$

图 5.2 1954 北京坐标系基本参数

（1）属参心大地坐标系；
（2）采用克拉索夫斯基椭球的两个几何参数；
（3）大地原点在苏联的普尔科沃；
（4）高程基准为 1956 年青岛验潮站求出的黄海平均海水面；
（5）分区分期局部平差。
存在的问题：
（1）椭球参数有较大误差；
（2）参考椭球面与我国大地水准面存在自西向东明显的系统性倾斜；
（3）几何大地测量和物理大地测量应用的参考面不统一；
（4）定向不明确。

2. 1980 西安坐标系

1980 西安坐标系（图 5.3）是为进行全国天文大地网整体平差而建立的。根据椭球定位的基本原理，在建立 1980 西安坐标系时有以下先决条件：

$$长半轴 \quad a = 6378140 \text{m}$$

$$短半轴 \quad b = 6356755 \text{m}$$

$$扁 \quad 率 \quad f = 1/298.26$$

$$第一偏心率 \quad e = 0.08181919221$$

$$第二偏心率 \quad e' = 0.082094469$$

图 5.3　1980 西安坐标系基本参数

（1）属于参心大地坐标系；
（2）大地原点在我国中部，具体地点是陕西省泾阳县永乐镇；
（3）椭球参数采用 IUG1975 年大会推荐的参数；
（4）大地高程以 1956 年青岛验潮站求出的黄海平均水面为基准；
（5）天文大地网整体平差。
特点：椭球面同似大地水准面在我国境内最密合，是多点定位；定向明确。

3. 新 1954 北京坐标系

新 1954 北京坐标系又称 1954 北京坐标系（整体平差转换值）、1954 北京坐标系（整体平差成果）。该坐标系提供的成果是在 1980 国家大地坐标系基础上，把 IUGG1975 年椭球改为原来的克拉索夫斯基椭球、通过在空间三个坐标轴上进行平移转换而来的。它的精度和 1980 国家大地坐标系坐标精度一样，克服了原 1954 北京坐标系是局部平差的缺点；又由于恢复至原 1954 北京坐标系的椭球参数，从而使其坐标值和原 1954 北京坐标系局部平差坐标值相差较小。
（1）属于参心大地坐标系；
（2）大地原点在我国中部，具体地点是陕西省泾阳县永乐镇；

（3）椭球参数采用克拉索夫斯基椭球；

（4）大地高程以 1956 年青岛验潮站求出的黄海平均水面为基准；

（5）天文大地网整体平差。

特点：

（1）是综合 GDZ80 和 BJ54 旧建立起来的参心坐标系；

（2）采用多点定位。但椭球面与大地水准面在我国境内不是最佳拟合；

（3）定向明确；

（4）大地原点与 GDZ80 相同，但大地起算数据不同；

（5）与 BJ54 旧相比，所采用的椭球参数相同，其定位相近，但定向不同；

（6）BJ54 旧与 BJ54 新无全国统一的转换参数，只能进行局部转换。

4. 2000 国家大地坐标系

目前利用空间技术所得到的定位和影像等成果，都是以地心坐标系为参照系。采用地心坐标系可以充分利用现代最新科技成果，应用现代空间技术进行测绘和定位，快速、精确地获取目标的三维地心坐标，有效提高测量精度和工作效率，为有关部门提供有力的技术支撑。

2000 国家大地坐标系（CGCS2000）是全球地心坐标系在我国的具体体现，原点为包括海洋和大气的整个地球的质量中心（图 5.4）。2000 国家大地坐标系的 Z 轴由原点指向历元 2000.0 的地球参考极的方向，该历元的指向由国际时间局给定的历元为 1984.0 的初始指向推算，定向的时间演化保证相对于地壳不产生残余的全球旋转，X 轴由原点指向格林尼治参考子午线与地球赤道面（历元 2000.0）的交点，Y 轴与 Z 轴、X 轴构成右手正交坐标系。采用广义相对论意义下的尺度。

长半轴　$a = 6378137\text{m}$

短半轴　$b = 6356752.31414\text{m}$

扁　率　$f = 1/298.257222101$

第一偏心率　$e = 0.0818191910428$

第二偏心率　$e' = 0.0820944381519$

地心引力常数　$GM = 3.986004418 \times 10^{14}\text{m}^3/\text{s}^2$

自转角速度　$\omega = 7.292115 \times 10^{-5}\text{rad/s}$

图 5.4　CGCS2000 坐标系参数

5. WGS-84 坐标系与 2000 国家大地坐标系的关系

在定义上，2000 国家大地坐标系与 WGS-84 是一致的，即关于坐标系原点、尺度、定向及定向演变的定义都是相同的。两个坐标系使用的参考椭球也非常相近，唯有扁率有微小差异。

我国很多单位使用的地方坐标系，都是在国家原有坐标系基础上进行部分改正定义获得，椭球参数与 1954 北京坐标系和 1980 西安坐标系相同。

但是，由于 CGCS2000 是最新的坐标系统，我国各级测绘管理部门和基础测绘资料管理部门都没有本地区 CGCS2000 的相关控制点数据，因此，无法直接计算从其他坐标系到 CGCS2000 坐标系的转换参数。需要将原有高等级大地控制点进行基线解算和网平差计算，所有结果转换完成将需要较长时间，而在没有 CGCS2000 坐标系统控制点前，需要采用其他方法将地理信息成果从地方坐标系统转换到 CGCS2000 坐标系统。

根据中国测绘科学研究院程鹏飞等以及西安测绘研究所魏子卿的研究结果，地球上同一点在 CGCS2000 椭球和 WGS-84 椭球下，经度值相同，纬度的最大差值约为 3.6×10^{-6}m，相当于 0.11mm。一般情况下，地面同一点在不同坐标系里的坐标是不同的。这里主要是指椭球参数的不同而引起的同一点经纬度的差异，给定点位在某一框架和某一历元下的空间直角坐标，投影到 CGCS2000 椭球和 WGS-84 椭球上所得的纬度的最大差异相当于 0.11mm。因此，除了地球动力研究的板块运动监测点和高等级控制点（A、B、C 级控制点）之外的各类基础地理信息数据，从其他坐标转换到 CGCS2000 坐标系统，其转换参数可以采用其他坐标系统到 WGS-84 坐标系统的转换参数。

5.3 投影坐标系

投影坐标系是将三维的地理坐标系投影到二维平面上（图 5.5），形成投影坐标系，就是地理坐标系+投影过程。投影坐标系是用距离单位表示的坐标系，如米。

投影的方法多种多样，以下是一些投影转换的方法。

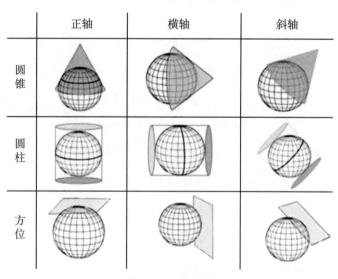

图 5.5 地图投影

1. 墨卡托投影

墨卡托投影是正轴等角切圆柱投影，也就是假设将地球放置于一个中空的圆柱中，圆柱轴面与地球的纬线相切，地球的旋转轴与圆柱平行，并假设地球中心有一盏灯将其照亮投影至圆柱面上，最后沿着圆柱的轴线将其剪开铺平得到的投影。在相切的纬线处，投影是没有变形的（图5.6）。

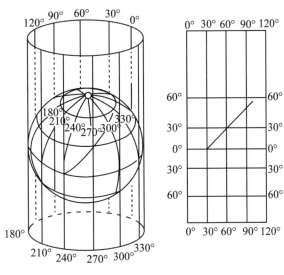

图5.6　墨卡托投影

2. 横轴墨卡托投影

横轴墨卡托投影（Transverse Mercator，TM）是横轴等角切圆柱投影，圆柱轴面与经线相切，横轴的意思是圆柱的轴线与地球的旋转轴垂直（图5.7）。

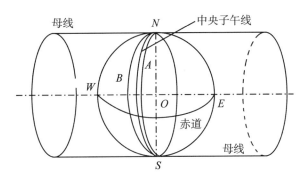

图5.7　横轴墨卡托投影

3. 通用横轴墨卡托投影（UTM）

通用横轴墨卡托投影，也称通用墨卡托投影（Universal Transverse Mercator，UTM），是横轴等角割圆柱投影（图5.8），它使用笛卡儿坐标系，标记地球南纬80°至北纬84°之间的所有位置。也就是圆柱底面直径两端构成的两条轴线分别与南纬80°纬线和北纬84°纬线相割。

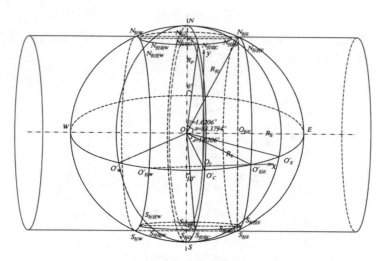

图 5.8 通用横轴墨卡托投影

WGS-84 地理坐标系常采用 UTM 投影坐标系。如何确定一个地区的 UTM 投影带数？UTM 投影是从 180°经线开始向东每 6°为一个投影带，我国从西到东一共跨过了 11 个投影带，每个投影带的经度范围如表 5.2 所示，根据这个表我们就能很容易判断一个地点的 UTM 投影带，以上海为例，上海的经度约为东经 121°，其位于 51 带。

表 5.2 我国 UTM 投影带的分布情况

带号	中央经线（°）	经度范围（°）
43	75E	72—78E
44	81E	78—84E
45	87E	84—90E
46	93E	90—96E
47	99E	96—102E
48	105E	102—108E
49	111E	108—114E
50	117E	114—120E
51	123E	120—126E
52	129E	126—132E
53	135E	132—138E

4. 高斯-克吕格投影

高斯-克吕格（Gauss-Kruger）投影简称"高斯投影"，又名"等角横切椭圆柱投影"，地球椭球面和平面间正形投影的一种。这是我国常用的坐标系。我国的地形图有如下基本比例尺：1∶5000，1∶1万，1∶2.5万，1∶5万，1∶10万，1∶25万，1∶50万，1∶100万。其中，大于等于1∶50万的地形图均采用高斯-克吕格投影，因此，我们平时接触到的CAD地形图均为高斯-克吕格投影，绝大多数为北京54高斯-克吕格投影或者西安80高斯-克吕格投影。

高斯-克吕格投影坐标系又分为3°分带高斯-克吕格投影坐标系和6°分带投影坐标系，其中，1∶2.5万，1∶5万，1∶10万，1∶25万，1∶50万这几个比例尺的地形图采用6°分带，而1∶1万及大于1∶1万的图采用3°分带。概括来说，6°带用于中小比例尺测图，3°带用于大比例尺测图，城建坐标多采用3°带的高斯投影，因此，我们在平时项目中接触到的CAD文件多为3°带高斯投影，可以直接用3°带来定义坐标。3°分带高斯-克吕格投影从1.5°经线开始向东每3°为一个投影带。

我国横跨22个投影带，每个投影带的经度范围如表5.3所示，根据这张表我们就能很容易判断一个地点的高斯投影带。以北京为例，北京的经度约为东经116°，其位于39带。

表5.3   **3°带经度范围查询**

带号	中央经度（°）	经度范围（°）
25	75	73.5~76.5
26	78	76.5~79.5
27	81	79.5~82.5
28	84	82.5~85.5
29	87	85.5~88.5
30	90	88.5~91.5
31	93	91.5~94.5
32	96	94.5~97.5
33	99	97.5~100.5
34	102	100.5~103.5
35	105	103.5~106.5
36	108	106.5~109.5
37	111	109.5~112.5
38	114	112.5~115.5
39	117	115.5~118.5
40	120	118.5~121.5
41	123	121.5~124.5
42	126	124.5~127.5

续表

带号	中央经度（°）	经度范围（°）
43	129	127. 5~130. 5
44	132	130. 5~133. 5
45	135	133. 5~136. 5
46	138	136. 5~139. 5

1）高斯投影度带划分

在投影面上，中央子午线和赤道的投影都是直线，并且以中央子午线和赤道的交点 O 作为坐标原点，以中央子午线的投影为纵坐标轴，以赤道的投影为横坐标轴（图 5.9）。

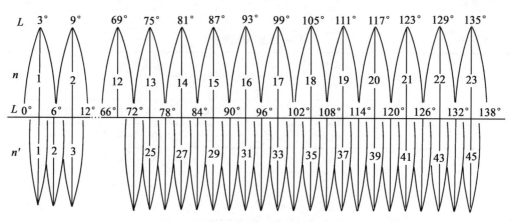

图 5.9　高斯投影度带划分

2）高斯投影坐标值类型

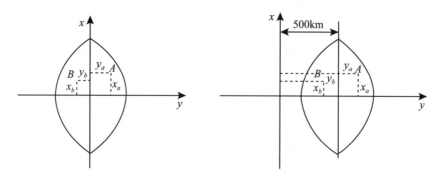

图 5.10　高斯投影示意图

在我国 x 坐标值都是正的，y 坐标的最大值（在赤道上）约为 330km。为了避免出现负的横坐标，则无论 3°或 6°带，每带的纵坐标轴要西移 500km，即在每带的横坐标上加 500km（图 5.10）。为了指明该点属于何带，还规定在横坐标 y 值之前，要写上带号。

因此坐标值表现形式有三种：自然值（未加 500km 和带号的横坐标值）、+500km 值（自然值加 500km 不带带号的坐标值）、通用值（加上 500km 和带号的横坐标值）（表 5.4）。

表 5.4 高斯坐标示例

坐标值表现形式	示例
自然值	Y1：+36210.140m Y2：−41613.070m
加 500km 值	Y1：536210.140m Y2：458386.930m
通用值	Y1：38 536210.140m Y2：38 458386.930m

5. 高斯投影与 UTM 投影的关系

UTM 投影全称为"通用横轴墨卡托投影"，是等角横轴割圆柱投影（高斯-克吕格为等角横轴切圆柱投影），圆柱割地球于南纬 80°、北纬 84°两条等高圈，该投影将地球划分为 60 个投影带，每带经差为 6°，已被许多国家作为地形图的数学基础。

UTM 投影与高斯投影的主要区别在南北格网线的比例系数上，高斯-克吕格投影的中央经线投影后保持长度不变，即比例系数为 1，而 UTM 投影的比例系数为 0.9996。

6. 投影坐标系命名

投影坐标系的名字其实分成三部分：它所使用的地理坐标系+以几度分的投影带+所在的投影带。由于投影带有两种表示方法：

（1）以 Zone 来表示；

（2）以中央经线来表示。

所以下面我们就这两种表达方法分别进行举例说明。

（1）以 Zone 表达投影带。

在 ArcGIS 中，我们可以看到 1980 西安坐标系下，有这样一系列的投影坐标系，如图 5.11 所示。

以 Xian_1980_3_Degree_GK_Zone_30 投影坐标系为例，数字含义解释见表 5.5。

表 5.5 投影坐标系说明

它所使用的地理坐标系	Xian_1980	1980 西安坐标系
以几度分的投影带	3_Degree	经度带的分法是以 3°为一带，进行分带
	GK	高斯-克吕格投影
所在的投影带	Zone_30	投影带是 30 带

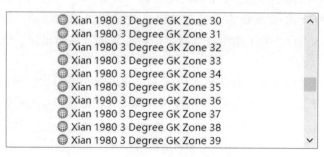

图 5.11 Zone 投影带坐标示例

（2）以中央经度表示投影带。

同样地理坐标系是 1980 西安坐标系的例子（图 5.12）。

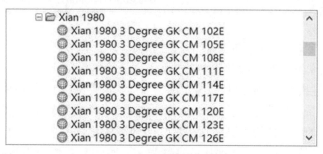

图 5.12 中央经度表示投影带

以 Xian_1980_3_Degree_GK_CM_102E 投影坐标系为例，Xian_1980_3_Degree 与上面的例子含义都一样，CM_102E 表示的是中央经线（也就是投影带的中线），经度是东经 102°。

5.4 坐 标 转 换

涉及不同坐标系，就会有坐标转换的问题。关于坐标转换，首先要搞清楚坐标转换的严密性问题，即在同一个椭球的坐标转换都是严密的，而在不同的椭球之间的转换是不严密的。不同坐标系，其椭球体的长半轴、短半轴和扁率是不同的。比如我们常用的四种坐标系 1954 北京坐标系、1980 西安坐标系、WGS-84、CGCS2000 所对应的椭球体参数就各不相同。例如，由 1954 北京坐标系的大地坐标转换到 1954 北京坐标系的高斯平面直角坐标是在同一参考椭球体范畴内的坐标转换，其转换过程是严密的。由 1954 北京坐标系的大地坐标转换到 WGS-84 的大地坐标，就属于不同椭球体间的转换，其转换过程是不严密的。不同空间直角坐标系之间的转换一般通过七参数或者四参数来实现坐标转换。

两个不同的二维平面直角坐标系之间转换通常使用四参数模型，四参数适合小范围测区的空间坐标转换，相对于七参数转换的优势在于只需要 2 个公共已知点就能进行转换，操作简单。

在该模型中有 4 个未知参数，即：

（1）两个坐标平移量（ΔX，ΔY），即两个平面坐标系的坐标原点之间的坐标差值；

（2）平面坐标轴的旋转角度 A，通过旋转一个角度，可以使两个坐标系的 X 和 Y 轴重合在一起；

（3）尺度因子 K，即两个坐标系内的同一段直线的长度比值，实现尺度的比例转换。通常 K 值几乎等于 1。

四参数的数学含义是：用含有四个参数的方程表示因变量（y）随自变量（x）变化的规律。

举个例子，在石家庄既有 CGCS2000 的平面坐标，又有石家庄的城市坐标，在这两种坐标之间转换就用到四参数。四参数的获取需要有两个公共已知点。

无论是工程坐标系，还是不同椭球、不同投影的平面坐标系，只要是两个平面直角坐标系之间的转换，都可以使用四参数，通过两个以上的公共点求解转换参数。但是四参数转换假设两个平面坐标系之间的关系是线性变化，而对于不同椭球之间的两个投影坐标系，并不符合该假设，离中央子午线越远的地方，变形越大，而离中央子午线近的地方，变形更小。因此，对于较大范围的坐标转换，使用四参数计算，误差就会较大。

七参数一般采用布尔莎模型法，适合大范围测区的空间坐标转换，转换时需要至少 3 个公共已知点。因为有较多的已知点，所以七参数转换的坐标精度要高于四参数转换的坐标精度，但是操作较四参数法复杂。

七参数模型中有 7 个未知参数，即：

（1）3 个坐标平移量（ΔX，ΔY，ΔZ），即两个空间坐标系的坐标原点之间坐标差值；

（2）3 个坐标轴的旋转角度（$\Delta \alpha$，$\Delta \beta$，$\Delta \gamma$），通过按顺序旋转三个坐标轴指定角度，可以使两个空间直角坐标系的 X、Y、Z 轴重合在一起；

（3）尺度因子 K，即两个空间坐标系内的同一段直线的长度比值，实现尺度的比例转换；通常 K 值几乎等于 1。

七参数涉及的七个参数为：X 平移，Y 平移，Z 平移，X 旋转，Y 旋转，Z 旋转，尺度变化 K。

七参数转换模型主要用于不同椭球的空间大地直角坐标系之间的转换。空间大地直角坐标系的坐标原点位于参考椭球的中心，Z 轴与椭球的旋转轴一致，指向参考椭球的北极；X 轴指向起始子午面与赤道的交点，Y 轴位于赤道面上，按右手系与 X 轴正交成 90°夹角。如图 5.13 所示。

我们平常用的坐标主要是经纬度的大地坐标或高斯投影平面坐标，因此，如果利用公共点求解七参数转换，还必须先将公共点的平面坐标或大地坐标转换为空间直角坐标，然后再进行七参数的求解。

四参数假定两个平面坐标系之间的变化为线性的，通过两个平移参数、一个旋转参

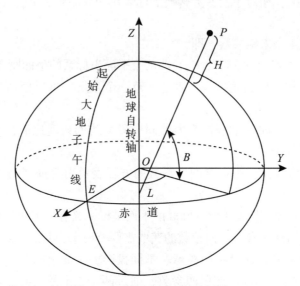

图 5.13　空间大地直角坐标系

数，一个缩放参数直接建立两个平面坐标系之间的转换关系；四参数不考虑椭球和投影带来的变形不一致问题，只适用于小范围的坐标转换。优点是模型简单，容易计算，不需要知道投影参数、椭球参数等。

七参数是一种比较严密的坐标转换模型。七参数需要先将平面坐标或大地坐标转换到空间直角坐标，然后在两个空间直角坐标系之间建立转换模型。空间直角坐标系是三维的，因此一共需要三个平移参数、三个旋转参数和一个尺度因子。空间直角坐标到大地坐标或高斯投影坐标之间的转换不存在精度损失，因此七参数转换精度不会受到投影变形的影响，适用于较大范围的转换且具有较高的转换精度，但是七参数转换计算比较复杂。

对比两种坐标转换方式，我们可以得出以下结论：

（1）四参考最少需要 2 个控制点对，七参数最少需要 3 个控制点对；

（2）四参数仅对平面转换；

（3）四参数是用于两个平面直角坐标系之间的互相转换，七参数是用于两个三维空间直角坐标系之间的转换；

（4）四参数可以利用任意两个具有三维坐标的已知等级控制点求出，求解较为简单，也较容易理解；

（5）七参数需要在测区布设一定密度的等级控制网点，利用整个网的 WGS-84 坐标系下的三维约束平差结果和当地坐标系统的二维约束平差结果及各点的高程解算，求解较为复杂，理解起来相对困难。

从地方坐标系到 CGCS2000 坐标系的坐标转换实现。全国及省级范围的坐标转换选择二维七参数转换模型；省级以下的坐标转换可选择三维四参数模型或平面四参数模型。对于相对独立的平面坐标系统与 CGCS2000 坐标系的联系可采用平面四参数模型或多项式回归模型。但是最通用的方法是布尔莎七参数转换法，也称综合转换。所谓综合法，就是在相似变换（布尔莎七参数转换）的基础上，再对空间直角坐标残差进行多项式拟合，系统误差通过多项式系数得到消弱，使统一后的坐标系框架点坐标具有较好的一致性，从而提高坐标转换精度。

根据最小二乘法，可以从 B、L、H 转换到 X、Y、Z 空间三维直角坐标，联合控制点计算出布尔莎七参数。

坐标转换步骤：

（1）在转换区域内找到 4 个以上拥有 WGS-84/CGCS2000 坐标和地方坐标的控制点；

（2）利用布尔莎七参数法求出坐标转换七参数；

（3）评估转换参数精度，精度达到要求，则可以作为转换参数，否则需要重新找到控制点计算转换七参数；

（4）用布尔莎模型将原有坐标系统数据转换到 CGCS2000 坐标系统内；

（5）根据成果需要进行 X、Y、Z 到 B、L、H 的换算。

通过地方坐标系和 WGS-84 的控制点计算获得的坐标转换布尔莎七参数，实现从地方坐标系到 CGCS2000 坐标系的坐标转换。采用该方法，可以实现原有地方坐标基础地理信息数据的批量转换，逐渐实现从原有坐标到 CGCS2000 坐标系的统一。

5.5 不同椭球变化对图幅表示的影响

1954 北京坐标系到 1980 西安坐标系或 2000 国家大地坐标系的数据转换在考虑坐标平移参数时，还必须进行椭球体间的变换；而 1980 西安坐标系到 CGCS2000 坐标系的转换，其椭球体带来的坐标位移很小，考虑到空间数据库的实际精度、转换误差与数据后处理等因素，其椭球体变换过程可以忽略。

空间上相同经纬度坐标点在 1954 北京坐标系、1980 西安坐标系及 CGCS2000 坐标系下具有不同的大地平面坐标（统一采用高斯投影 6°分带）。各坐标系下的地图分幅对于空间同一实体而言位置不同，因此原标准图廓分幅线不再具有原图廓线性质，如 1:5 万分幅数据转换后对于其 CGCS2000 坐标系下的标准分幅而言，其图幅四边会存在两侧数据冗余、两侧数据未到边的情况。

1954 北京坐标系下的地图转换到 CGCS2000 坐标系下图幅平移量为：X 轴方向的平移量为 $-29 \sim -62$m，Y 轴方向的平移量为 $-56 \sim +84$m。对应 1:5 万图幅图廓平移量 X 轴方向约为 1.2mm、Y 轴方向约为 1.7mm，1980 西安坐标系下的 X 轴方向的平移量为 $-9 \sim +43$m，Y 轴方向的平移量为 $+76 \sim +119$m。对应 1:5 万图幅图廓平移量 X 轴方向约为 0.8mm、Y 轴方向约为 2.4mm。可见不同坐标系下转换后数据接边与重合不容忽略。

89

思考与练习

1. 分别概述参心坐标系和地心坐标系。
2. 我国常用的地理坐标系有哪些?
3. 简述高斯投影与 UTM 投影的关系。
4. 简述投影坐标系命名规则。
5. 在局部地区不同椭球体间的坐标转换常采用的办法是什么?

第6章 激光雷达测量成果分类

6.1 激 光 点 云

激光雷达测量系统通过对地面进行扫描，获取反射回来的激光点数据，因激光点数据呈星云状密集分布，所以形象地称之为激光点云（Point Cloud），如图6.1所示，意思是无数的点以测量的规则坐标在计算机里显现物体的结果。激光雷达系统的测量数据不仅包含目标点的 X、Y、Z 轴坐标信息，还包括物体反射强度等信息，这样全面且丰富的信息给人一种物体在电脑里真实再现的感觉，这是一般测量手段无法做到的。激光点云一般通过激光雷达测量系统对地面进行扫描来获取，但近几年近景摄影测量技术可以通过立体像对进行相对定向后生成点云。

图 6.1　激光点云

激光雷达测量系统获取的激光点云数据可以大致分为以下类型：地表裸露点、树冠端点、树中端点、矮植被点、桥面点、水域点、建筑物点、噪点（即粗差点）及其他未分类点等。激光雷达测量系统通过扫描获取具有一定分辨率的密集三维空间点来表达系统对目标物体表面的采样结果，激光雷达的优点是快速获得高密度、高精度的三维数字地面信息。有的激光雷达测量系统可以对发射的激光进行无数次回波接收，所以能获取非常详细和准确的激光点云。激光点云的点与点之间的相对误差是非常小的，达到可以忽略不计其误差的精度。获取的激光点云能完整地呈现地物的变化细节，直接对激光点云进行格网化即可以得到高精度的 DSM，进行分类后的激光点云进行格网化就可以得到高精度的 DEM，通过同步获取的航片或对激光点云进行 RGB 着色后能达到更形象、直观的效果。直接基于激光点云可以进行等高线生成、建模、土方计算、距离和面积量测等。

1. 激光雷达点属性

为每个记录的激光脉冲保留以下激光雷达点属性：强度、回波编号、回波数、点分类值、在飞行航线边缘的点、RGB（红、绿和蓝）值、GNSS 时间、扫描角度和扫描方向。附加信息与每个 x、y、z 位置值存储在一起。表 6.1 介绍了可以随每个激光雷达点提供的属性。

表 6.1　　　　　　　　　　　　　　　激光点云属性信息

激光雷达属性	描　　述
强度	生成激光雷达点的激光脉冲的回波强度
扫描角度等级	发射的一个激光脉冲最多可以有五个回波，这取决于反射激光脉冲的要素以及用来采集数据的激光扫描仪的功能。第一个回波将标记为一号回波，第二个回波将标记为二号回波，依次类推
回波数	回波数是某个给定脉冲的回波总数。例如，某个激光数据点可能是总共五个回波中的二号回波（回波编号）
点分类	每个经过后处理的激光雷达点可拥有定义反射激光雷达脉冲的对象的类型的分类。可将激光雷达点分成很多个类别，包括地面、裸露地表、冠层顶部和水域。使用 LAS 文件中数字整数代码可定义不同的类
飞行航线的边缘	将基于值 0 或 1 对点进行符号化。在飞行航线边缘标记的点将赋值 1，所有其他点将赋值 0
RGB	可以将 RGB（红、绿和蓝）波段作为激光雷达数据的属性。此属性通常来自在激光雷达测量时采集的影像
GNSS 时间	从飞机发射激光点的 GNSS 时间戳。此时间以 GNSS 一周的秒数表示
扫描角度	扫描角度是-90°到+90°之间的值。在 0°时，激光脉冲位于飞机正下方的最低点。在-90°时，激光脉冲在飞机的左侧；而在+90°时，激光脉冲在飞机的右侧，且与飞行方向相同。当前多数激光雷达系统都小于±30°
扫描方向	扫描方向是激光脉冲向外发射时激光扫描镜的行进方向。值 1 代表正扫描方向，而值 0 代表负扫描方向。正值表示扫描仪正从轨迹飞行方向的左侧移动到右侧，而负值正相反

2. 激光雷达点云密度

激光雷达点云密度是激光雷达点云数据的重要属性，反映了激光脚点空间分布的特点及密集程度，而激光脚点的空间分布直接反映了地物的空间分布状态和特点。

一般认为，激光雷达点云密度的作用类似遥感影像的分辨率，点云密度越大，则能探测更微小目标。激光雷达点云密度涉及激光雷达技术的硬件制造、数据采集和数据处理及应用的整个链条，是激光雷达技术的关键指标。

（1）激光雷达设备生产商常以能获取更高密度的点云数据来体现其新型号设备的先进性。随着激光雷达硬件技术的发展，点云密度越来越高，能够更精确地描述地形地物的特征和规律。

（2）激光雷达数据获取也以点云密度为主要指标，围绕密度指标来设置航高、发射频率、扫描角度以及带宽等参数。

（3）评价数据质量时也常将点云密度作为重要指标。例如，在测绘行业规范中规定，只有达到相应点云密度才能生产对应比例尺的产品，很多激光雷达数据处理算法也对点云密度有要求。

通常用的点云格式有 .las，.txt，.xyz，.ply 等。

.txt，.xyz，.ply，.csv 等格式点云可统称为 ASCII 点云，该类格式数据的优点是记忆灵活，读写方便，是通常硬件设备可以普遍采用的存储方式。缺点是存储量大、读写速度慢。

.las：是美国摄影测量与遥感协会（ASPRS）所创建和维护的行业格式。每个 .las 文件都在页眉块中包含激光雷达测量的元数据，然后是所记录的每个激光雷达脉冲。每个 .las 文件的页眉部分都保留有激光雷达测量本身的属性信息：数据范围、飞行日期、飞行时间、点记录数、返回的点数、使用的所有数据偏移以及使用的所有比例因子。

6.2　数码影像

无论是车/机载激光雷达还是地面三维激光扫描仪或背包三维激光扫描仪，通常都集成了高分辨率 CCD 相机，在采集激光点云数据的同时获取了数码影像数据（图6.2）。数码影像具有连续、直观、易判读的特点，与离散的激光点云数据配合可以互为补充，提供更详尽、丰富的空间信息。

图6.2　全景影像

激光雷达设备搭载或内置的相机主要有两个功能：一是为点云提供真实纹理信息，即制作彩色点云；二是提供该测区的正射影像。彩色点云效果如图6.3所示。

图 6.3　彩色点云

6.3　波 形 文 件

以脉冲式机载激光为例，该类激光是以激光波束扫描的工作方式测量传感器到地面上激光照射点的距离，即通过测量地面采样点激光回波脉冲相对于发射激光主波之间的时间延迟得到传感器到地面采样点之间的距离。通过对波形文件（波形信息如图 6.4所示）进行分析，可以更详细地了解物体的纵向结构，如表面倾斜、粗糙度、反射率等；通过算法分解原始波形数据，可以得到植被高度、林冠下地形、冠层体积、地表反射率、植被反射率、森林郁闭度来描述森林的水平和垂直结构特性。森林垂直结构与波形对应关系如图 6.5 所示。

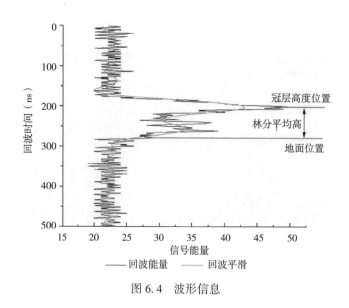

图 6.4　波形信息

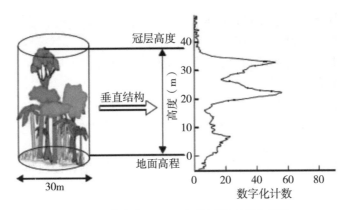

图 6.5　大光斑 LiDAR 森林回波波形示意图

6.4　数字高程模型（DEM）

数字高程模型（Digital Elevation Model，DEM），是以高程表达地面起伏形态的数字集合。DEM 的水平间隔可以随地貌类型不同而改变。根据不同的高程精度，可以分为不同等级产品，具体制作方法在本书第 7 章详细描述。

DEM 可以制作透视图、断面图，进行工程土石方计算、表面覆盖面积统计，用于与高程相关的地貌形态分析、通视条件分析、洪水淹没分析、精度分析、高程分析；量测坐标、距离、面积、体积（挖填方）；进行坡度、坡向分析；生成剖面图、等高线；叠加相关矢量数据和影像数据。DEM 效果如图 6.6 所示。

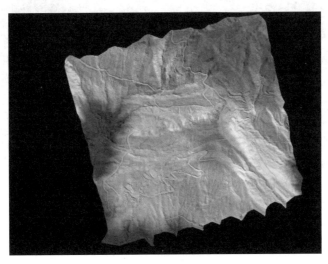

图 6.6　DEM 效果图

DEM 的应用：

（1）作为国家地理信息的基础数据；

（2）土木工程、景观建筑与矿山工程的规划与设计；

（3）为军事目的（军事模拟等）进行地表三维显示；

（4）景观设计与城市规划；

（5）流水线分析、可视性分析；

（6）交通路线的规划与大坝的选址；

（7）不同地表的统计分析与比较；

（8）生成坡度图、坡向图、剖面图，辅助地貌分析，估计侵蚀和径流等；

（9）作为背景叠加各种专题信息，如土壤、土地利用及植被覆盖数据等，并进行显示与分析；

（10）为遥感、环境规划中的处理提供数据。

激光雷达数据以其精度高、数据信息丰富、适应性强等特点，正在成为数字高程模型最主要的数据来源之一。传统的数字高程模型的获取方法主要有三种：野外人工测量、立体摄影测量和新兴的激光雷达测量技术。基于激光雷达采集的激光点云数据能够快速、高效地生成 DEM、DSM 等成果，由于激光点非常密集，点与点之间的距离通常只有几十厘米（机载激光雷达），甚至几毫米（地面或手持激光雷达），所以生成的 DEM 和 DSM 能非常细腻地表现地形细节，这是传统的航空摄影测量技术无法实现的。

以分类后的激光点云制作生成 DEM 后，还可以生成高精度的等高线，如图 6.7 所示，其速度和精度是传统人工采集等高线无法比拟的。

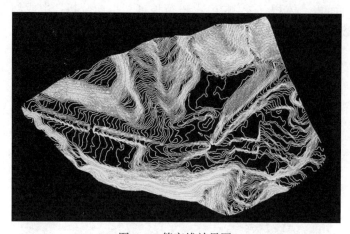

图 6.7　等高线效果图

6.5　数字地表模型（DSM）

数字地表模型（Digital Surface Model，DSM），是对地球表面，包括各类地物的综合描述，该模型关注的是地球表面土地利用的状况，即地物分布形态，方便制作 3D 立体模型、飞行模拟和建筑物模拟等，也就相当于在电脑中建立一个接近真实世界的地表面貌。DSM 同样是环境保护或城市管理的重要依据，通过分析 DSM，可以及时地获取森林的生长状况或城市的发展状况；在精细林业管理、虚拟城市管理、城市环境控制及重大灾害灾情分析等方面，DSM 都可以发挥重要作用。

DSM 效果如图 6.8 所示。

图 6.8 DSM 效果图

DSM 的主要应用：按用户设定的等高距生成等高线图、透视图、坡度图、断面图、渲染图，与数字正射影像（DOM）复合生成景观图，或者计算特定物体对象的体积、表面覆盖面积等，还可用于空间复合、可达性分析、表面分析、扩散分析等方面。

6.6 数字正射影像（DOM）

数字正射影像（Digital Orthophoto Map，DOM），是利用数字高程模型对数码航空影像像元进行纠正，再做影像镶嵌，根据图幅范围剪裁生成的影像数据。数字正射影像的信息丰富、直观，具有良好的可判读性和可量测性，从中可以直接提取自然地理和社会经济信息。DOM 的主要用途包括：精度分析、坐标测量、通视性分析、剖面图生成、叠加相关矢量数据和影像数据。将 DOM 分别和 DEM、DSM 叠加后会更加形象地呈现三维地形地貌，方便获取更多的地理信息。

DOM 具有精度高、信息丰富、直观逼真、获取快捷等优点，可作为地图分析背景控制信息，也可从中提取自然资源和社会经济发展的历史信息或最新信息，为防治灾害和公共设施建设规划等应用提供可靠依据；还可从中提取和派生新的信息，实现地图的修测更新。作为评价其他数据的参考，DOM 的精度、现势性和完整性都很优良。

DOM 的具体应用方向有如下几个方面。

（1）更新基础地图数据。随着城镇化建设的进程不断加快，城乡规划对基础地图的需求将更为急迫。传统测绘生成基础地形图，速度慢、周期长、成本高。随着数字正射影像图制作工艺的进步，技术上已经可以生产 1∶1000、1∶2000 比例尺的数字正射影像图，其数学精度可以达到 0.1m，因此数字正射影像图可以作为更新基础地图数据的重要手段。

（2）专题地图制作。正射影像图可作为独立的背景层与地名注名、图廓线、公里格网及其他要素层复合，制作各种专题图。

（3）数字城市建设。数字正射影像图是构建数字三维城市的基础，在数字正射影像图的基础上可以轻松地建设数字三维城市，减少工作量，提高工作效率，节约成本。

（4）资源规划设计与管理。目前全国的城市建设均处在高速发展的状态，数字正射影像图以其快速、准确等优点在更新基础地图数据中有明显的优势，数字正射影像图为资源的规划、管理、保护和合理利用提供了科学的依据。

（5）规划咨询。在规划设计的前期现状调查期间，数字正射影像图提供了大量的信息，可以直接反映许多问题。同时，利用数字正射影像图作为规划底图，使规划内容与周边环境的关系更加清晰，在旧区改造、历史古建筑保护、城市重点区域和地区标志性建筑的规划设计中可以发挥重要的作用。

（6）城市绿化现状监测和调查。正射影像图可以清晰地判读城市内绿化设施的分布现状，也可以分类统计绿化的面积，以进一步统计绿化面积在城市建设中的比重，为城市园林规划提供决策依据。

（7）其他应用。数字正射影像图还可以应用于洪水监测、河流变迁、旱情监测、农业估产（精准农业）、生态变化监测、荒漠化监测与森林监测（林业病虫害）、土地覆盖、土地利用和土地资源的动态监测等。

与传统的立体摄影测量制作 DOM 相比较，机载激光雷达测量制作生成 DOM 的精度和效率都大大提高，并降低了制作难度和对生产硬件的要求，非专业人士经过短期培训后也能进行 DOM 数据生产。

DOM 效果如图 6.9 所示。

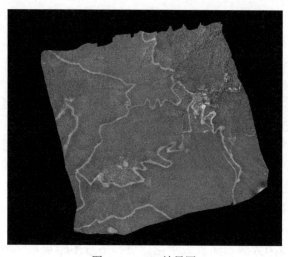

图 6.9　DOM 效果图

6.7　数字线划图（DLG）

数字线划图（Digital Line Graphic，DLG）是指现有地形图上基础地理要素分层存储的矢量数据集。DLG 既包括空间信息，也包括属性信息，可用于建设规划、资源管理、投资环境分析等各个方面，以及可作为人口、资源、环境、交通、治安等各专业信息系统的空间定位基础。

数字线划地图有一系列特点，它适应了计算机技术的发展及要求，具有广阔的发展前景，更受用户欢迎。数字线划地图具有动态性，其内容和表现效果能够实时修改，补充、更新内容极为方便。数字线划地图内容的组织较为灵活，可以分层、分类、分级提供使用，能够快速地进行检索和查询。数字线划地图显示时，能够漫游、开窗和放大缩小。数字线划地图所提供的信息能够用于统计分析，进行辅助决策。在新的技术支撑下，还能够将数字线划地图的内容与图像、声音、文字动画等结合在一起，生成更富表现力的多媒体电子地图。数字线划地图是使用较广的一类数字地图，具有数据量小、使用方便、便于查询和分析等特点，包含地图要素编码、属性、位置、名称及相互之间拓扑关系等方面的信息，有特定的组织形式和数据结构。常见到的数字线划地图格式有 ArcInfo 的 E00 格式、MapInfo 的 MIF 格式、CAD 的 DWG 格式、MapGIS 格式等。

可以基于激光雷达的原始点云成果、数字高程模型成果和数字正射影像成果提取数字线划图。这种方法利用 AutoCAD 等软件工具将现有的数字正射影像图和数字高程模型图像按一定比例插入工作区中，在屏幕上对所需的相应要素跟踪采集，最后生成线划图。

DLG 效果如图 6.10 所示。

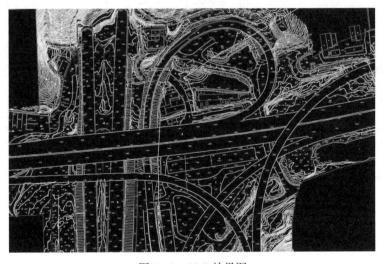

图 6.10　DLG 效果图

DLG 应用广泛，可用于土地使用规划与控制，商场、工厂、交通枢纽等地址的选择，城市建设管理，农业气候区划，环境工程、大气污染监测，道路交通建设与管理，自然灾害、战争灾害、其他灾害的监测估计，自然资源、人文资源、地貌变迁调查，生产业（医疗、公共事业、服务）等。

6.8 建筑物平、立、剖面图

建筑平面图，又可简称平面图，是将新建建筑物或构筑物的墙、门窗、楼梯、地面及内部功能布局等建筑情况，以水平投影方法和相应的图例所组成的图纸，用一个假想的水平剖切平面沿略高于窗台的位置剖切房屋后，移去上面的部分，对剩下部分向 H 面做正投影，所得的水平剖面图。

建筑平面图作为建筑设计、施工图纸中的重要组成部分，它反映建筑物的功能需要、平面布局及其平面的构成关系，是决定建筑立面及内部结构的关键环节（图 6.11）。所以说，建筑平面图是新建建筑物的施工及施工现场布置的重要依据，也是设计及规划给排水、强弱电、暖通设备等专业工程平面图和绘制管线综合图的依据。

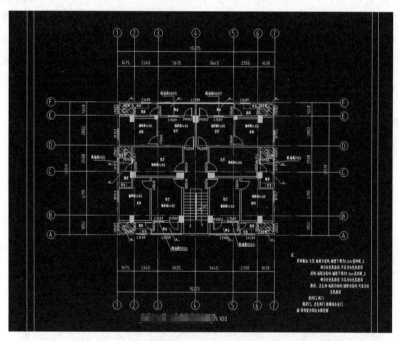

图 6.11 建筑平面图

建筑立面图是各个立面投影到铅直的与立面平行的投影面上而得到的正投影图（图 6.12）。在一般情况下，建筑物立面图是对建筑物外貌进行有效的表现，并在此基础上对门窗、雨篷以及屋面等位置和形式实施全面反映，同时是对建筑装饰以及垂直方向高度的有效反映。

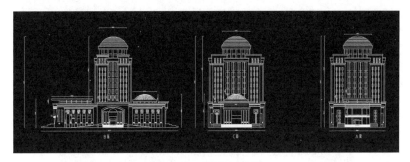

图 6.12 建筑立面图

建筑剖面图，是假想用一个或多个垂直于外墙轴线的铅垂剖切面，将房屋剖开，所得的投影图，简称剖面图（图 6.13）。剖面图用以表示房屋内部的结构或构造形式、分层情况和各部位的联系、材料及其高度等，是与平面图、立面图相互配合的不可缺少的重要图样之一。

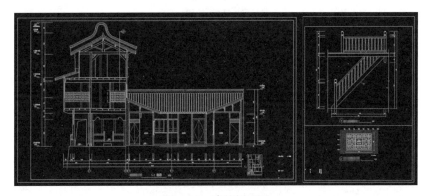

图 6.13 建筑剖面图

本书 11.4 节为读者展示了立面绘制大致流程，平面图、剖面图绘制流程与立面图类似。

6.9 建筑物三维模型

激光点云数据能够真实地反映地表信息，密集的激光脚点能够形象地表现地表、地物、建筑物等，基于高精度、高密集的激光点云数据可以比较精确地对城市建筑物进行三维建模，并能确保模型的位置、大小、形状的真实性和准确性。

直接基于激光点云构建的建筑物模型还仅仅是白模（图 6.14），虽然该模型具有建筑物的三维外观轮廓，但缺乏真实感，为最大程度地达到逼真效果，还需要对其进行侧面纹理贴图。

以构建的白模为基础，利用建筑物自动纹理贴图软件，可以将采集的建筑物四个面的影像数据快速贴在白模上，真实地再现建筑物外观，效果如图 6.15 所示。

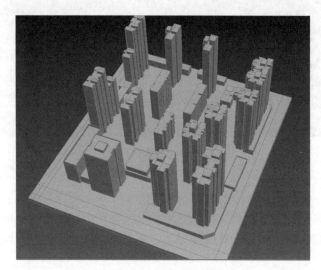

图 6.14　建筑物白模

图 6.15　建筑物三维模型

思考与练习

1. 激光点云有哪些格式？各有什么优势？
2. 简述影像的作用。
3. 简述 DEM 的作用。
4. 什么是 DLG？它包含哪些信息？
5. 什么是建筑平面图、立面图、剖面图？

第7章 机载激光雷达数据采集和处理流程

7.1 生产流程概述

机载激光雷达测量作业的生产环节，主要包括航摄准备、航摄数据采集、数据预处理、激光数据分类、数字高程模型（DEM）制作、数字正射影像（DOM）制作，其作业流程如图 7.1 所示。

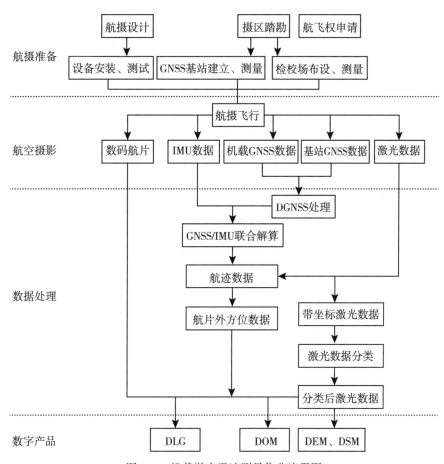

图 7.1 机载激光雷达测量作业流程图

7.2　航 摄 准 备

航摄飞行设计是整个激光雷达航测工作中最重要的一环，好的航摄设计是整个测量工作的基础，可以尽可能地保证所采集数据的可用性及数据成果的精度。

7.2.1　航线设计

在进行航摄飞行设计之前，本着安全、经济、周密、高效的原则，以项目成果数据精度要求为目标，充分地分析测区的实际情况，包括测区的地形、地貌、机场位置、已有控制情况、气象条件等影响因素，结合激光雷达测量设备自身特点，如航高、航速、相机镜头焦距及曝光速度、激光扫描仪扫描角、扫描频率及功率等，同时考虑航带重叠度、激光点距影像分辨率等，选择最为合适的航摄参数，为获取高质量的数据提供技术保障。图 7.2 为在奥维互动地图软件中进行的航线设计及设计结果示例。

图 7.2　航线设计结果示例

通过航摄设计软件生成航线数据文件，内容包括航线号、航带顺序等信息。在执行航空摄影测量前，将航线设计文件拷贝到机载激光雷达系统的导航任务卡中，在飞行时选择要作业的航线，激光雷达测量系统在飞机进入测线坐标范围后即可以自动开始采集数据（激光点云数据和数码影像数据）。在某些情况下，也可以采用手动采集模式。

7.2.2　空域申请

在执行任何一个航摄任务前，必须按照相关规定和流程申请并办理航飞权，大致办理流程如图 7.3 所示。

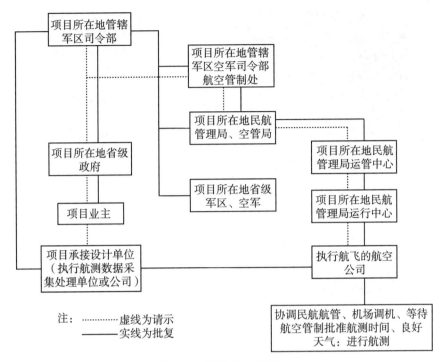

图 7.3　航飞权办理流程

7.2.3　地面基站架设

基站架设选点要求：

（1）GNSS 基站点沿线路走向布设，基站辐射半径为 25km，两基站间最大距离不超过 40km，以保证测区范围内的差分精度；

（2）点位交通便利，便于仪器安置及观测操作，标志易于保存；

（3）点位视野开阔，地平仰角 15°以上无障碍物；

（4）不宜在微波通信的过道中设点；

（5）测站点应远离大功率无线电辐射源（如电视台、微波站等），其距离不得少于 200m；

（6）离高压输电线、变电站的距离不得小于 50m；

（7）尽量避开大面积水域设站。

数据采集施测开始时，测量人员同步配合，提前进入基站点位置架设接收机，并提前打开激光 GNSS，全程同步观测。同步观测数据用于对机载 GNSS 采集的三维坐标进行后差分，以提高最终三维点云成果的坐标精度。

GNSS 基站架设在已知地面控制点上，控制点需提供 WGS-84 坐标，设置好基站的各项参数，保证电量充足、脚架固定牢靠，准确量取仪器高，事后计算精确天线高。基站架设如图 7.4 所示。

图 7.4　基站架设

7.3　数　据　采　集

激光雷达测量系统的工作主要分三部分，分别是激光扫描测量、数码相机拍摄和飞行控制。因此在采集数据时，保证激光雷达测量系统的三部分正常同步工作是关键。

7.3.1　飞行控制

激光雷达测量系统在数据采集过程中，飞行控制系统正常工作很关键，激光扫描仪和数码相机的工作都由飞行控制系统来控制。同时 GNSS 天线及惯性导航仪 IMU 的数据都记录在飞行控制系统中，这两种数据记录正常才能保证激光雷达数据及数码影像正确定位，从而保证成果精度。

7.3.2　激光雷达数据采集

飞行控制系统根据预先设置好的激光设备工作参数（如扫描镜摆动角度、扫描频率等），当飞机进入预设航线时，控制红外激光发生器向扫描镜连续地发射激光，通过飞机的运动和扫描镜的运动反射，使激光束扫描地面并覆盖整个测区。当激光束由地面或其他障碍物反射回来时，被光电接收感应器接收并将其转换成电信号，根据激光发射至接收的时间间隔即可以精确算出传感器至地面的距离，确定飞行平台每个采样时刻的位置和姿态后，激光反射点的位置便也确定。

由于一束激光可能有多次回波，例如，一束激光可能被树顶、树枝、树干、矮草、地面依次反射回接收器，因此激光数据可以较详细地反映地表情况，为后期数据处理制作数字高程模型（DEM）、数字正射影像（DOM）等数字产品提供高精度的数据基础。

激光点云数据通过高速数据传输线直接保存到系统的专用硬盘中。

7.3.3 数码相机拍摄

飞行控制系统根据预先设置好的数码相机工作参数（如相机的曝光度、快门速度、ISO值等）。当飞机进入预设航线时，自动获取高质量的影像数据。通过数码影像显示屏，可以实时看到影像的实拍效果，若效果不理想，可以随时调整相机参数。

数码影像数据通过高速数据传输线直接保存到系统的专用硬盘中。

7.4 数 据 处 理

激光雷达数据处理流程如图7.5所示。

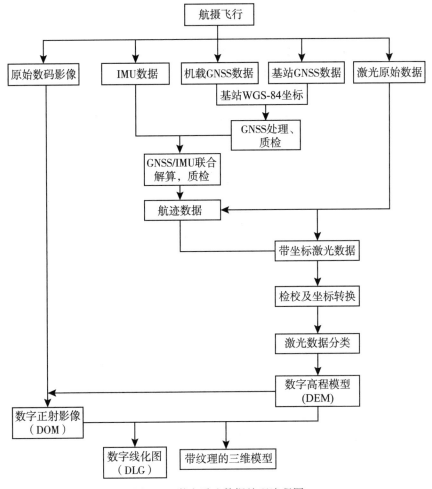

图 7.5 激光雷达数据处理流程图

7.4.1　数据预处理

机载激光雷达数据采集得到的原始数据包括：

（1）原始激光点云数据；

（2）原始数码影像数据；

（3）惯性导航仪（IMU）数据；

（4）机载 GNSS 数据；

（5）地面基站 GNSS 数据。

原始激光点云数据仅包含每个激光点的发射角、测量距离、反射率等信息，原始数码影像也只是普通的数码影像，都没有坐标、姿态等空间信息。只有经过数据前处理（也称为数据预处理）后，才完成激光点云和影像数据的"大地定向"，具有空间坐标和姿态等信息。

原始激光点云数据的大地定向包括数据定位和定向两大内容，需要用到机载 GNSS 观测数据、地面基站的 GNSS 观测数据、IMU 记录的姿态数据和系统参数（IMU、激光扫描仪、相机之间的相对位置及姿态参数）等。

1. 激光点云数据定位

机载三维激光雷达在采集数据的过程中，GNSS 天线同步记录的坐标信息会受到对流层延迟误差、电离层延迟误差、卫星星历误差及多路径效应等误差的影响，要消除或减小这些误差的影响，才能提高定位精度。

消除上述误差通常采用的方法有两种：一种为精密单点定位，另一种为双差分定位。精密单点定位又称为绝对定位，即利用 GNSS 卫星和用户接收机之间的伪距观测值，确定测站在 WGS-84 坐标系中的位置。使用精密单点定位方法时精密星历和钟差文件是必需的，可以直接从 IGS 等组织的网站上进行免费下载（IGS 精密星历免费下载网站：http：//ig- scb. jpl. nasa. gov/components/prods_eb. html）。当然有些软件也有下载精密星历和钟差文件的功能，可以参考使用。使用精密单点定位最大的优势是不用布设地面基站，这样就可以节省许多人力、物力；但单点定位的精度劣于差分定位精度，在精度要求不高的情况下可以使用。

DGNSS 双差分定位可以保证比较高的定位精度，该方法是在地面布设基准站（设在坐标精确已知的点上）与机载 GNSS 装置进行同步观测，用基准站测定具有空间相关性的误差或其对测量定位结果的影响，供机载 GNSS 装置改正其观测值或定位结果。

基站布设的多少和位置根据测区大小、地形及数据精度要求等具体确定，不同的要求需对应布设不同个数的地面基站。一般情况下，为保证仪器工作的同步性及初始化精度需布设一个基站；若测区面积较小且距离机场较近，在机场布设一个基站基本可以满足生产需要。但有些项目，例如电力巡线或选线项目中，作业区域为条带状，且地形多为山地，一般情况下离机场较远，此时需在测区增设一个或多个地面基站；由于地势崎岖，地面基站布设难度较大，所以在考虑保证数据精度的同时也要尽量减少外业工作量。

DGNSS 双差分定位方法也可以联合精密星历，定位精度较高。实际生产中一般使用这种定位方法。

2. 激光点云数据定向

无论通过单点定位还是双差分定位，得到的都是 GNSS 接收装置处的坐标信息，我们最终需要的是激光扫描仪处的坐标信息，所以还需要根据 GNSS 天线的偏心分量和扫描仪的偏心分量计算激光扫描仪的坐标信息。一般情况下，只要重新安装设备，GNSS 天线的偏心分量都会有变化，每次都需要重新测量。而扫描仪的偏心分量比较固定，在检测期内，使用厂家提供的检测值即可。

IMU 与激光扫描仪的相对位置参数由厂家提供，联合定位信息可以得到激光扫描仪的航迹文件，且包含激光扫描仪在各个 GNSS 采样时间的位置信息、姿态信息及速度。

根据激光扫描仪的航迹文件，为每个激光点在 WGS-84 坐标系下赋坐标值，即激光点云数据的大地定向。大地定向后的激光点云数据，可以通过专业软件打开浏览。因每个激光点都已有坐标属性，以高程显示的激光点云数据就能比较清晰地看出地面起伏及地物情况，如图 7.6 所示。

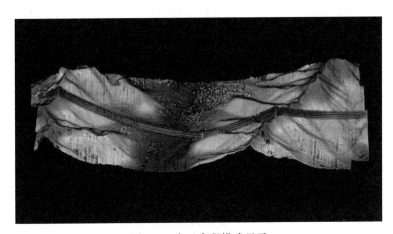

图 7.6　点云高程模式显示

3. 激光点云数据的检校

在航飞过程中，IMU 和激光扫描仪的相对姿态可能会发生微小的变化，从而对激光点云数据产生影响。为消除这种影响，通常要对大地定向后的激光点云数据进行检查。若数据质量较好，则可以直接进行数据加工；若数据存在问题，则需对数据进行检校。

数据检校参数通常是指偏心角分量，包括侧滚角（Roll）、俯仰角（Pitch）和航偏角（Heading）的偏心角分量。

由于大量数据同时运行速度较慢，实际生产中，为较快地得到较好的检校参数，通常的做法是，首先在检校场数据中选择一块典型地形的数据进行检校，得到理想的检校参数后运用在整个检校场，若还有问题，经过微调即可得到一组检校参数，将该组检校参数运用在整个测区，即可以实现对测区激光点云数据自检校。经过检校的激光点云数据，不同航带、不同架次的数据都能很好地匹配，由此便可以进行进一步的数据处理。

4. 激光点云数据坐标转换

检校后的激光点云数据为 WGS-84 坐标系，国内客户要求的成果坐标一般为工程坐标系，工程平面坐标系通常指 1954 北京坐标系、1980 西安坐标系或当地独立坐标系，高程系统则指 1956 黄海高程系统、1985 国家高程系统或地方独立高程系统。

完成两个坐标系统的转换，首先要有控制点在两套坐标系统中（例如 WGS-84 坐标系及 1954 北京坐标系），求出转换参数，然后将转换参数应用于激光点云数据，完成激光点云数据的坐标转换，转换后的激光点云数据已为工程坐标系，基于此而生产的数字高程模型（DEM）、数字表面模型（DSM）等数字产品也在工程坐标系下。

平面坐标转换通常使用七参数转换法，平面坐标转换流程如图 7.7 所示。

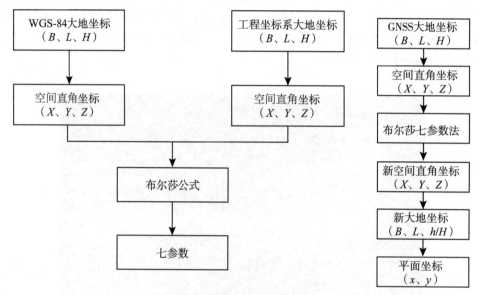

图 7.7 平面坐标转换流程图

高程系统的转换比较简单，根据控制点在两套坐标系统的高程，求得高程异常，应用于激光数据便可以实现激光数据的高程系统转换。

激光点云数据的坐标转换可以在检校后进行，也可以在激光点云数据分类后进行，或不对激光点云数据进行坐标转换而直接转换至成果的坐标系统，这些都是可行的。目前比较成熟的做法是：激光点云数据检校后进行坐标转换，将激光点云数据直接转换至成果要求的工程坐标系下，再进行数字产品生产。这样基于激光点云数据生产的所有产品都是工程坐标系，避免了其他转换方法中可能需要进行多次转换。

5. 确定影像外方位元素

相机与激光扫描仪的相对位置参数由厂家提供，联合定位信息可以得到相机的航迹文件，包含相机在各个 GNSS 采样时间的位置信息、姿态信息及速度。初始航迹文件在 WGS-84 坐标系下，可以根据生产需要将航迹文件转换至相应工程坐标系，转换方法与激光数据坐标转换方法相同。

　　根据仪器记录的曝光点信息及原始影像的编号可以得到每幅原始影像的曝光时间，以 GNSS 时间表示。由此相机航迹文件与原始影像的曝光时间文件相结合便可以得到每幅原始影像的外方位元素。

7.4.2　数据后处理

1. 激光数据分类及 DEM 制作

　　经过预处理的激光地表数据及激光地物数据都在同一层，需要提取出纯地表数据方能生成 DEM。经过分类，将建筑物、植被等非地表数据放在其他层里面，纯地表数据就被分离出来。经过分类的纯激光地表数据是具有三维坐标值的离散点，构建 TIN 后即可以按规定格网生成 DEM，如图 7.8 所示。

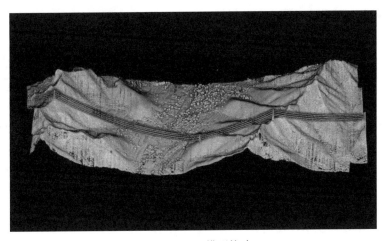

图 7.8　DEM 模型构建

　　激光数据的可视性强，因而可以将不同的地物分类在不同的层里，按层显示时能清楚地看到地物构成情况，特别在电力巡线项目中，经过精细分类的激光数据可以清晰地分辨电力线、杆塔、植被及地面等要素，可以进行线路资产管理、危险点检测等多方面应用，如图 7.9 所示。

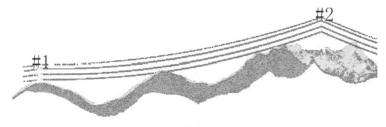

图 7.9　激光点云分类

　　Terrasolid、GlobalMapper、SouthLidar 等点云处理软件都可以进行点云分类操作，此处以 Terrasolid 软件为例，简述点云分类及 DEM 制作过程。

1）建工程、数据分幅与裁切

原始点云数据经过多条航带叠加，数据量较大，单人作业耗时较久，为了能够多人协同作业，首先将点云按照指定格网间距分幅。通常将点云分成 500m×500m 或 1000m×1000m 大小的方块，每块点云可单独进行分类。

2）粗分类

批处理粗分类。Terrasolid 提供了多种粗分类算法，通过各种算法组合，对点云数据进行粗分类，将点云分成地表点、低植被、中植被、高植被、建筑、河流、电力线、电力塔等多种类别。通常黄色为地表点，绿色为植被点，分类的颜色和类别名称都可自定义。

3）细分类

自动化算法分类具有局限性，粗分类无法满足工程行业等领域的应用需求，因此需要进行精细化分类。

在 Terrasolid 软件中导入粗分类后的点云，通过剖面工具查看分类成果是否有错误。

当检查过程中发现自动化分类错误的情况，则通过手工分类工具进行人工纠正。

通过提取出的地表点云，在 Terrasolid 内打开 TerraScan 模块，选择 output-export lattice model 工具，以地表点高程值建立不规则三角网，生成 GEO TIFF float 格式的 DEM 文件。根据不同比例尺要求输出不同格网间距的 DEM 模型，1∶500 比例尺输出格网间距为 0.5m，1∶1000 比例尺输出格网间距为 1m，1∶2000 比例尺输出格网间距为 2m。

2. 影像数据处理及 DOM 制作

激光搭载的相机可以提供高精度的影像轨迹数据，根据轨迹数据可以通过两种方式生成正射影像。一种是传统航测普遍使用的方式，采用倾斜摄影三维建模软件 Pix4D 等同类型软件直接生成正射影像，软件通过识别多张影像的同名地物，自动对影像轨迹进行纠正，提高轨迹精度，进而生成高精度的正射影像。此方法对电脑配置要求较高，大面积项目生产时通常需要配置大量电脑集群，但是人工干预较少，自动化程度高。另一种方式是利用 Terrasolid 软件的 TerraPhoto 模块通过人工刺点的方式对影像轨迹进行纠正，从而生成正射影像。此方法相比于第一种方法，由于人工承担了纠正影像轨迹的工作，因此对作业人员要求更高，需要更多的人工干预，且作业人员的业务熟练程度决定了最终成果的精度。但人员在作业时也可以更好地对图面进行修饰，因此在图面美观性方面优于软件自动生成的正射影像。下面简述 DOM 制作过程。

（1）刺点。首先需要准备选定区域的地面点数据，以此作为纠正影像轨迹的精度依据。根据与影像对应的纯地表激光数据找连接点，所谓的连接点，是两幅有重叠影像上的同名点，如图 7.10 所示。一般每两幅有重叠的影像需保证至少 5 个连接点，所有连接点都必须是地面点且分布均匀，通过对所有影像连接点进行平差，重新计算影像外方位元素，使用平差后的外方位元素重新对影像轨迹进行精度提升。

（2）生成单片正射。影像轨迹精度优化完成后即可输出单片正射。单片正射是带

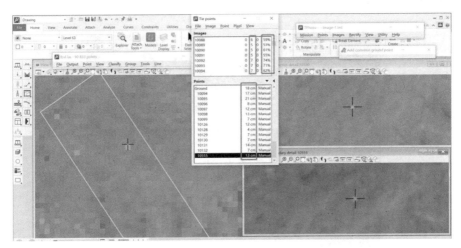

图 7.10　影像同名点

有高精度位置信息的影像数据。

（3）调整拼接线。将所有单片正射导入 Inpho 软件中，由于每张单片正射都带有绝对准确的位置信息，相邻的单片正射同步显示时彼此会有重叠，软件可以自动识别并隐去重叠部分，将所有单片正射拼接成一张完整的正射影像图。但是该过程中，软件自动识别并隐去的重叠部分可能不完全准确，例如，在房屋位置会出现穿过拼接线导致的房屋错层现象，如图 7.11 所示。

图 7.11　单片正射拼接穿过房屋

对于以上情况，需要人工调整拼接线位置，尽量避开房屋，即房屋整体为一张照片拍摄所得，而非两张照片拼接后所得，修饰效果如图 7.12 所示。

图 7.12　调整拼接线后效果

房屋、湖泊、道路是调整拼接线的重点关注位置，调整的结果关系着最终成果的图面美观度。全图修饰完成，即可将正射结果导出。

思考与练习

1. 机载激光雷达外业作业时基站架设的要求有哪些？
2. 机载激光雷达数据采集的原始数据有哪些？
3. 如何获取影像外方位元素？
4. 机载激光雷达采集的数据可以生产哪些成果数据？
5. 简述 DOM 制作流程。

第 8 章　车载激光雷达数据采集和处理流程

8.1　生产流程概述

车载激光雷达测量作业的生产环节，主要包括前期准备、数据采集、数据预处理、数据后处理四个部分。前三个步骤在不同项目中主要是设备参数的设置有所区别，其他方面差别不大；数据后处理部分在不同项目中则差别较大，根据不同项目需求，最终成果包括彩色点云、地面点数据、断面数据、道路矢量要素等多个方面，其作业流程如图 8.1 所示。

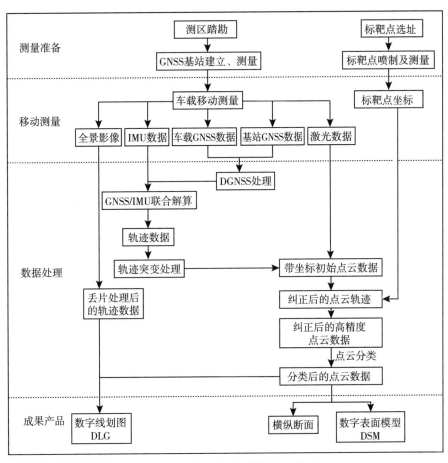

图 8.1　车载激光雷达测量作业流程

8.2　前　期　准　备

8.2.1　线路踏勘

野外数据采集作业员接收到采集任务后，首先需要对待测区域的大致情况进行了解，相较于机载激光雷达测量的作业面积过大，有时不适于实地踏勘，车载激光雷达测量作业测区外部环境相对更好一些，可在作业前进行线路踏勘。并且由于车载扫描更易受外部环境干扰，如测区车流量、信号遮挡情况、道路平坦程度等，实地踏勘变得尤为必要。

线路踏勘主要确定或解决以下几个问题。

（1）道路能否通行？道路存在限高（一般来说，设备高度约为 3m）。

（2）道路是否更新？新修道路，地图暂时未更新；道路尚未正式通车，而地图上存在此道路；实际路况与电子地图不匹配。

（3）测区是否存在高架、隧道等特殊路段？通常在高架桥、隧道等路段信号遮挡严重，导致数据进度受损，对于此类地区要重点踏勘，必要时需做标靶点，方便后期对数据精度进行修正。

（4）测区车流密集程度。采集过程中频繁刹车会对数据质量产生影响，且长时间与其他车辆并行会造成数据缺失。因此在城市道路采集时，应尽量避开早晚车流高峰期。

（5）选择合适的标靶点、检核点点位。一方面需要对信号遮挡严重的位置进行点云质量优化，另一方面也需要一些检核点对最终成果进行精度检验。所以，踏勘时需提前看好路况，选择合适的点位进行点位坐标测量。

8.2.2　线路规划

良好的线路规划可提高采集作业效率，提高作业有效覆盖率（有效覆盖率=采集线路长度/汽车行驶路程），同时可避免因采集线路不合理而出现漏采、错采的情况。针对测区的具体情况，对采集路线进行规划。

1. 规划路线要保持的基本原则

（1）基于道路、河流等要素划分外业采集工程。

（2）在人流量大、交通量大的作业区域应选择上午 10 点之后、下午 3 点之前（车流量小、光线良好）的时段采集。

（3）采集路线尽量避免重复，同时避免车辆行进中出现"跑空车"的现象。

（4）优先沿直线道路采集，遵循"先大后小、先主后辅"的原则。

（5）选择晴、多云等天气进行数据采集。

2. 规划线路的主要内容

（1）初始化的位置。

（2）采集结束的位置。

（3）采集路线。

（4）采集车速。

（5）采集时仪器的配置参数。

8.2.3 标靶点选址及测量

标靶点的布设和测量方案如下所示。

（1）项目要求高程精度优于10cm：标靶点的平面坐标和高程均采用 GNSS-RTK 测量，标靶点间隔约200m。

（2）项目要求高程精度优于3cm：标靶平面坐标采用 GNSS-RTK 进行测量，高程采用四等水准的观测方法进行测量，标靶点间隔50～100m。

标靶点的布设要早于车载激光扫描作业之前，标靶点的坐标测量可在激光扫描作业后测量，但不应间隔过长时间，以防标靶点的标识因外界因素冲刷而无法寻找，轨迹纠正工作需在标靶点坐标提供之后进行。

首先在地形图底图上进行初步选址，左右行车道的标靶点不需要完全处于同一水平线上；若经过十字路口地段，可将标靶点布设在左右行车道均通视的位置；若经过树木较茂密或经过桥隧等会引起车载 GNSS 卫星失锁的路段，可适当加密标靶点，通过标靶点纠正轨迹进行精度控制。

为方便激光点云的识别，设计如图8.2所示标靶样式：

（1）标靶点按照缺角圆形式，圆形白色，缺角用黑色来布设。

（2）圆形半径15～20cm，缺角60°。

（3）采用与行车标线相同的涂料喷涂，灰色为路面，白色为白漆。

（4）标靶点白漆厚度应接近一元硬币厚度。

（5）标靶点按照缺角圆布设并进行编号。

图8.2 外业标靶点规范（左）及实际喷绘效果（右）

标靶点示例如图8.3所示。

8.2.4 基站架设

基站架设选点要求：

图 8.3　测区内标靶点示例（通过强度区分标靶点和路面）

（1）GNSS 基站点沿线路走向布设，基站辐射半径为 25km，两基站间最大距离不超过 40km，以保证测区范围内的差分精度；

（2）点位交通便利，便于仪器安置及观测操作，标志易于保存；

（3）点位视野开阔，地平仰角 15°以上无障碍物；

（4）不宜在微波通信的过道中设点；

（5）测站点应远离大功率无线电辐射源（如电视台、微波站等），其距离不得小于 200m；

（6）离高压输电线、变电站的距离不得小于 50m；

（7）尽量避开大面积水域设站。

数据采集施测开始时，测量人员同步配合，提前进入基站点位置架设接收机，并提前打开激光 GNSS，全程同步观测。同步观测数据用于对车载 GNSS 采集的三维坐标进行后差分，以提高最终三维点云成果的坐标精度。

GNSS 基站架设在已知地面控制点上，控制点需提供 WGS-84 坐标，设置好基站的各项参数，保证电量充足、脚架固定牢靠，准确量取仪器高，事后计算精确天线高。

8.3　数　据　采　集

数据采集主要是由征图移动测量系统操控软件 ZTControler 进行，该软件是车机载一体化移动测量硬件设备 SZT-R1000 的配套软件。软件中可以显示当前地图，显示 GPS、POS（定姿定位系统）、相机和扫描仪的连接状态和工作状态；完成连接和自检后，系统可操控扫描仪的扫描或停止，操控相机的开始和停止；相机可设置按时间间隔拍照和按距离拍照（一般选择按时间间隔拍照，在城市卫星信号失锁较严重的情况下选择按距离拍照容易造成拍照间隔不准确），如图 8.4 所示。

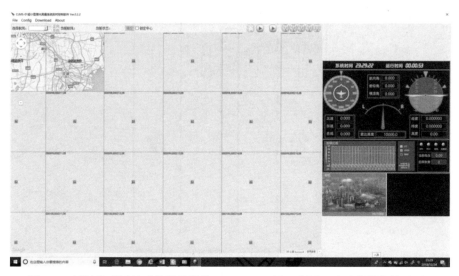

图 8.4　征图移动测量系统操控软件 ZTControler 界面截图（未连接设备情况下）

当操控软件完成各部件的连接和自检后，测量人员从车上下来，将车子停放在空旷无遮挡的地方静置 10~15 分钟，给惯导进行静态初始化；同样，当采集结束后，暂停扫描仪和相机的工作，但保持部件连接状态，将车子停放在空旷无遮挡的地方静置 10~15 分钟，给惯导进行静态结束化；之后方可通过操控软件下载扫描仪数据（＊.rxp）、惯导数据（＊.dat）、车载 GNSS 数据（＊.log），通过配套的 Ladybug Pro 软件下载全景影像（＊.pgr）。

采集之前，需要对设备的扫描参数进行设置。本次案例采用的 SZT-R1000 的扫描频率为 550kHz，即扫描点速度为 55 万点/秒，扫描线速度设置为 200 线/秒。为保证该线速度下线间距在 5cm 以内，则车速要保持在 36km/h 以下。

采集过程中，若遇到较长时间的红绿灯，则激光应在车子停稳后暂停扫描，在车子启动前开启扫描，尽量减少在停车过程中造成的数据冗余。同理，因相机文件较好进行处理且不影响点云精度，则遇红绿灯时相机可自主选择是否暂停拍照工作。遇到桥底、隧道等信号失锁路段，应尽快通过，通过减少卫星失锁时间来尽可能减小点云精度的损失。

当路面有中央隔离绿化带时，左右行车道之间无法通视，即激光也无法通视，则需要进行同一路段的左右双趟扫描工作，通过后期 GNSS 差分处理得到相同坐标系下的点云数据时，即可将双趟点云叠加在一起，无需人为拼接，如图 8.5 所示。

本案例扫描过程中，因路段上较多大型货车遮挡，遮挡部分的数据则为空，需要通过前后数据进行连接；因主道和辅道之间有绿化隔离带，且树木枝叶繁茂影响通视效果，即使激光扫描测程可达 920m，也无法完全保证辅道地物的扫描，且精度也无法保证，故本案例没有对辅道数据进行采集和制作。如图 8.6 所示，D04 与 D04-1 为标靶点，位于行车道外侧，图中黑色空洞部分则为因车辆或树木遮挡造成的信息缺失。由图

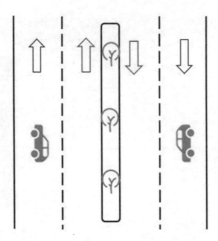

图 8.5　车载激光三维扫描作业示意图

可见激光点云测量范围很宽，但辅道较多信息缺失，易造成精度削减。

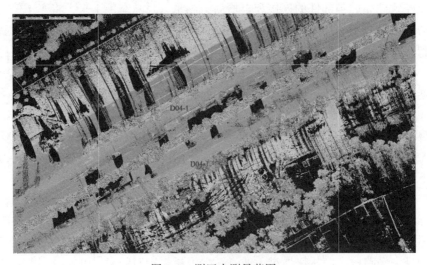

图 8.6　测区内测量范围

8.4　数据预处理

8.4.1　POS 位置解算

POS（Position and Orientation System，定姿定位系统）解算主要是用基站数据和 POS 数据［车载移动站 GNSS 数据+惯性导航系统（Inertial Navigation System，INS）数

据］组合解算，并输出高精度的轨迹数据，用于下一步将轨迹和点云数据进行融合以获取高精度点云数据。

利用诺瓦泰轨迹解算软件 Inertial Explorer（后简称 IE 软件）进行 POS 解算操作，主要包括基站数据预处理和 POS 解算两部分。

（1）基站数据预处理：将基站原始数据转换为 RINEX 格式，将原始的南方测绘格式的 .sth 基站文件转换为 .O 格式的通用文件。

（2）POS 解算部分：将车载流动站 GNSS 数据（∗.log）通过 IE 软件功能"Raw GNSS to GPB"转成 IE 软件识别的 GNSS 数据（∗.gpb），将惯导数据（∗.dat）通过 IE 软件功能"Raw IMU data to waypoint generic（IMR）"转成 IE 软件识别的惯导数据（∗.imr）。

（3）新建工程：导入车载移动站 GNSS 数据、惯导数据、基站数据，同时输入基站精确的 WGS-84 经纬度坐标、椭球高及天线高，即可得到初始轨迹数据。

（4）轨迹解算：通过 IE 软件功能"Process GNSS"对基站 GNSS 数据和车载移动站 GNSS 数据进行差分处理，通过 IE 软件功能"Process TC（Tightly Coupled）"对惯导数据和 GNSS 数据进行紧耦合解算，同时输入天线到载体坐标系中心（即惯导中心）的偏心矢量改正值，来获取高精度轨迹数据，如图 8.7 所示。

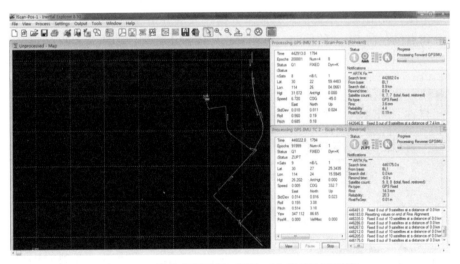

图 8.7　IE 软件截图示例（图为正在进行轨迹解算）

（5）输出轨迹文件：根据点云融合软件的文件格式要求输出轨迹文件（∗.pos），文件格式按列为：GNSS 时间（天秒/周秒）、纬度、经度、椭球高、俯仰角（Roll）、翻滚角（Pitch）和航向角（Heading）。

8.4.2　点云融合解算

当车载移动测量系统记录了各个传感器的测量数据后，必须将这些数据根据测量模型（各个传感器的时序和位置参数）进行配准与融合，才能还原出被测目标的三维几何空间坐标和属性。点云融合利用征图点云融合软件 Pointprocess，通过输入轨迹文件（＊.pos）和扫描仪文件（＊.rxp），并设置相应的扫描仪到载体坐标系中心（即惯导中心）的偏心矢量（dx、dy、dz）和角度检校参数（Roll、Pitch、Heading）；软件根据输入的轨迹文件自动识别中央子午线，若 GNSS 时间导出时为周秒也可自动识别星期几；设置适当的滤波参数（角度滤波或距离滤波），一般车载模式下可选择距离滤波，距离为左右两侧点云水平方向上到轨迹的长度，本案例并无设置距离滤波。

由于车载移动测量系统采集得到的激光点云坐标均为 WGS-84 椭球下的平面坐标和大地高，对应的投影坐标也是高斯 3°带投影坐标；而实际应用中，一般使用本项目自定义的坐标系和水准高，为方便实际应用，点云融合软件 Pointprocess 支持将三维激光点云数据坐标系转换到当地坐标系。

8.4.3　点云精度初步检查

初步获得点云数据后需要进行精度验证，选取点云中对应控制点（路面特征点或标靶）的点坐标，通过和控制点坐标对比得到精度验证报告。对于精度不满足要求的地方用标靶点进行轨迹纠偏校正。

一般在信号无缺失情况下，没有纠偏之前，平面和高程精度均可以达到 5cm。所以通常情况下，平面满足改扩建测量要求，高程需要进行改正。

根据精度验证情况，本案例点云成果数据在大部分情况下平面精度都在 5cm 以内，局部地方和点位存在 10cm 的偏差，需要做相应的校正处理，如图 8.8 所示。

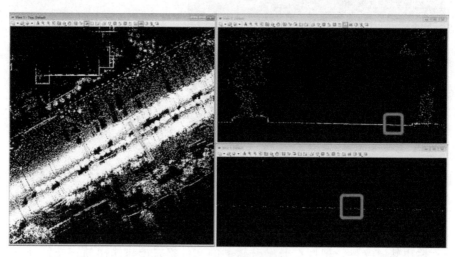

图 8.8　点云高程精度验证示例

8.4.4　轨迹纠正处理

在车载激光扫描系统的运动轨迹上设置已知控制点（即标靶点）来对其他扫描点的坐标进行平差，以改进车载激光扫描系统的精度。在后续的数据过程中，将这些控制点的坐标纳入点云坐标计算的平差处理中，以提升车载激光扫描测量系统的误差，使其完全满足改扩建测量精度要求。

　　点云纠偏校正后，要再次做精度验证检查，若存在精度不满足要求的情况，则需要再次进行校正处理，直到数据精度满足项目要求为止。

　　图 8.9 为通过 ZTLiDAR 软件对轨迹进行纠正处理，其中标靶点因喷绘白色漆，在点云中通过强度显示即可清楚辨别标靶点圆心位置。导入标靶点精确坐标，标靶点中心位置即可在点云中显示；通过软件对每个标靶点选取点云中标靶点中心位置的同名点，利用一系列标靶点和同名点之间的坐标和高程差值，对轨迹数据进行平差改正，将轨迹数据纠正完后重新进行点云融合处理，生成纠正后的点云数据，重复上述步骤直至点云精度满足项目要求，如图 8.9 所示。

图 8.9　通过标靶点进行轨迹纠正

　　将纠正后的点云数据和检查点坐标导入 Terrasolid 软件，该软件可根据点坐标的最近搜索原则，拾取最近点的坐标信息，自动计算出检查点和临近点的偏差值，作为精度检查的一个重要指标，也称作精度检查报告。

8.5　数据后处理

8.5.1　点云分类

抽稀后的三维激光点云数据仍存在大量的无用数据（道路两旁点云数据、植被点云数据、护栏点云数据、顶部架桥点云数据等），因此可以用 Terrasolid 软件对其进行相应的过滤分类，最终得到道路路面点云数据。此作业目的在于减少点云数据量，排除干扰点云数据，便于后期的道路横纵断面作业处理工作。

Terrasolid 软件具有点云分类算法编写的功能，可以完成初步的点云粗分类。点云自动分类结果还需要人为检查，并继续进行精分类，主要准确判断地面点、非地面点及横纵断面所需的特征地物（中央绿化隔离带，行车道路边缘路肩）等，如图 8.10 所示。

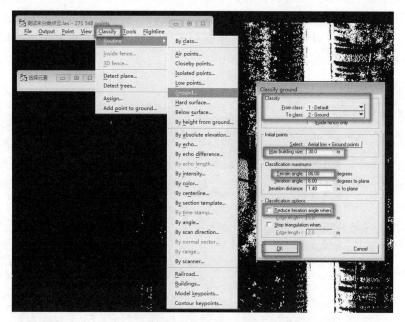

（a）点云自动分类算法功能示例

（b）测区内分类前点云（高程赋色显示）

（c）测区内分类前点云（强度赋色显示）

（d）测区内分类后地面点点云（强度赋色显示）

（e）测区内分类后地面点点云（高程赋色显示）

图 8.10 点云分类及赋色模型显示

8.5.2　全景点云配准

进行全景配准操作，以加载的点云为基准，将全景影像与点云配准。如图 8.11 所示，线上的深色箭头为全景球。

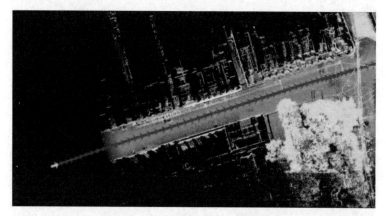

图 8.11　轨迹模式进行全景匹配

鼠标左键双击某个全景球可进入该位置全景模式，开始进行全景匹配，如图 8.12 所示。

图 8.12　全景点云配准效果图

8.5.3　点云纠正

1. 点云检查

查看信号强度：点云加载完成后选择 RGB 赋色，查看激光点云信号强度，此时点云的赋色方式和 IE 软件中解算的 POS 的赋色方式是一致的，颜色从绿到红代表信号接收质量从好到差。信号接收质量越好的点云，其位置精度越高，其点云信号强度在 RGB 赋色模式下颜色由绿到红依次递减，因此纠正时需要将质量不好的点云纠正到强度好的点云位置上，如图 8.13 所示。

图 8.13　点云检查

2. 纠正原则

首先进行平面纠正，确保平面在精度要求范围内后，再进行高程纠正。道路两侧的边桩可靠性较高，可以优先选择，如图 8.14 所示，多数高速边桩扫描出来为半圆形，尽量选择道路的切点位置。高程纠正时，尽量选择路面点，若该处无扫描点，则需要参考道路一侧栏杆等高处地物的点云，进行选择。

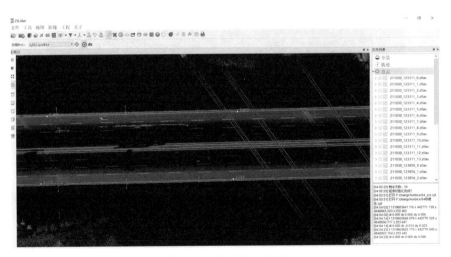

图 8.14　点云纠正效果

8.5.4　道路要素矢量特征线提取

运用要素自动提取软件对道路路面要素进行提取，如图 8.15 所示。

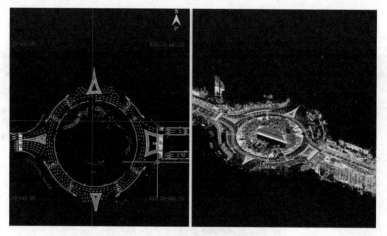

图 8.15　道路矢量线自动提取

8.5.5　横纵断面制作

以设计图的中心线为标准，利用 SouthLidar 软件以固定间距生成相应的里程文件，用于横断面的制作。

将里程文件导入 SouthLidar 软件，根据固定间距横断面线进行立面剪裁，拾取相交点上的点云，即可获取拾取点上的点云坐标，所有断面提取完成后导出成果即可，如图 8.16 所示。

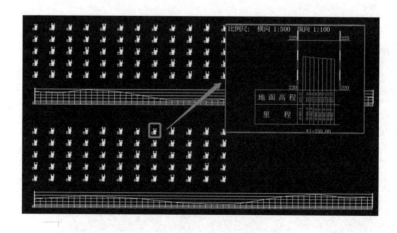

图 8.16　断面成果图

思考与练习

1. 线路踏勘是为了解决哪些问题?
2. 简述标靶点布设方案。
3. 设备采集过程中有哪些注意事项?
4. 简述点云分类步骤。
5. 简述点云纠正原则。

第9章　地面激光扫描数据采集和处理流程

地面式三维激光扫描系统由地面式三维激光扫描仪、数码相机、后处理软件以及附属设备构成，它采取非接触式高速激光测距方式，快速获取地形或者复杂物体的几何图形数据和影像数据。最终由后处理软件对采集的点云数据和影像数据进行处理，转换成绝对坐标系中的空间位置坐标或模型，以多种不同的格式输出，满足空间信息数据库的数据源和不同应用的需要。

地面式三维激光扫描系统作业流程分为外业数据采集、内业数据处理两个主要部分。

9.1　外业数据采集

外业数据采集主要是基于地面式三维激光扫描对目标区域进行高效、高精度的非接触测量。外业数据采集是地面式三维激光扫描系统工作过程中的重要部分。

地面式三维激光扫描系统外业数据采集主要包括前期技术准备、现场踏勘、扫描站点布设、标靶布设、点云数据采集、影像采集及其他信息采集等工作。其技术流程见图9.1。

9.1.1　前期技术准备

前期技术准备应根据不同的任务需求做好任务实施规划，完成扫描环境现场踏勘，根据测量场景地形条件、复杂程度和对点云密度、数据精度的要求，确定扫描路线，布置扫描站点，确定扫描站数及扫描系统至扫描场景的距离，确定扫描密度等。

1. 扫描准备

在进行三维激光扫描前，根据扫描需求收集扫描区域内已有的测绘信息，一般常用的有控制点数据、地形图、立面图等一系列数据，确保在扫描作业前全面地了解区域内的地形地貌信息及地表变化等，以便为地面式三维激光扫描频率、扫描点云质量和扫描角度等扫描参数的确定提供依据。

2. 现场踏勘

为了确保三维激光扫描的数据采集工作正常进行，及获取被测物体表面完整、精准的三维坐标、反射率和纹理等信息，需组织现场踏勘，实地了解扫描区域的现场的地形、地貌等状况，并核对已有资料的真实性和适用性。

任何扫描操作都是在特定的环境下进行的，对于地质工程领域的三维数据获取应用，工作场地一般为施工现场或者野外边坡等。因此，对于环境复杂、条件恶劣的场

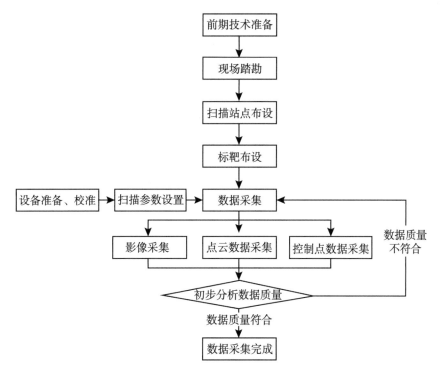

图 9.1　地面式激光扫描数据采集工作流程图

地，在扫描工作前一定要对场地进行详细的踏勘，对现场的地形、地貌等进行了解，对扫描物体目标的范围、规模、地形起伏做到心中有数，然后再根据调查情况对扫描的站点进行设计。

9.1.2　扫描站点选取及布设

1. 扫描站点选取

由于被测物体多样且复杂，如古建筑、各类生产工厂、特殊艺术形式建筑等，在大多数情况下，只架设一个站点不能完全获取被测物体完整、高精度的三维点云数据。在实际外业数据采集过程中，通常需要布设多个站点对被测物体进行扫描采集，才能确保获取完整的物体表面数据。因此，为了确保数据最终能满足《地面三维激光扫描工程应用技术规程》（T/CECS 790—2020）等的精度要求，扫描站点的选取需要充分考虑以下几个因素。

1）数据的可拼接性

为了获取完整的物体表面数据，通常在多个不同站点对被测物体进行扫描采集，且相邻站点还要确保数据的连续性，即相邻两站之间所扫描的被测物体数据须部分重合，以确保数据可进行数据拼接。目前有多种点云拼接方式，不同的点云拼接方式的重叠要求不同。如基于点云重叠数据进行匹配拼接，重合率基本要求为 30% 以上；若是基于目标点匹配拼接，则相邻两站要有 3 个或 3 个以上的同名目标点；若是基于点云和目标点相结合的拼接方式，则需要根据实际测量要求确定合适参数，确保点云数据可拼接。

2）架站间距

扫描站点应均匀分布在被测物体周围，即相邻两站之间的间距应尽可能保持一致或接近。若是整体扫描站点之间的间距相差较大，直接增加扫描数据的复杂性，在进行多站点数据拼接匹配过程中就容易产生较大的拼接误差，不能确保满足成果精度。

3）各站点与被测物体距离

由于三维扫描仪水平和垂直扫描视角的关系，各站点与被测物体距离过近会导致不能获取被测物体最高处数据。一般而言，架设扫描仪时应与建筑物保持 10~20m 的距离；而更高的建筑，如几十米甚至几百米高，则需要在建筑的近处和远处都进行数据采集，确保获取到完整的建筑信息。

4）激光入射角

激光入射角越大，测量数据误差越大。因此扫描站点选取时应使扫描设备的激光束点尽量垂直于被测物体，避免扫描设备发射的激光在物测物体表面产生过大的入射角度，确保精度达到成果要求。

5）重叠部位

对于基于点云数据的拼接匹配的站点选取，需重点考虑相邻两站扫描的重叠区域。为了避免点云数据的拼接产生较大的误差，重叠区域不可选取有许多不稳定、受风易动物体的区域，如有大量植被的区域。重叠区域绝大部分应为稳定、光滑、规则的物体表面。

6）重叠度

不管何种方式的点云拼接，均需要设置相邻两站点合适的重叠度。若是重叠度过低，会导致数据拼接错层大、失败。若是重叠度过高，会导致扫描采集同一被测物体时需要架设更多的扫描站点，使得点云数据量成倍增加，且多次重复拼接，影响数据拼接效率及产生拼接误差。

2. 扫描站点布设

扫描站点的布设需要平衡好数据的完整性与数据拼接精度，这意味着合理布设站点，以尽可能获取最完整的点云数据。这不仅提高了工作效率，甚至能满足毫米级点云拼接精度要求。

由于被测物体各不相同，在进行扫描站点布设时，站点数目、站点位置、站点间距的确定除了要考虑被测物体现场实际地形，还需考虑不同型号的扫描仪测距和精度要求。同时站点应尽量布设在地势平坦稳定、四周开阔、通视条件好的地方。

其中，根据被测物体的现场地形特征分类应遵循以下两项要求。

（1）针对单一、独立、规则的被测物体，通常以闭合环绕方式进行扫描站点布设，设置 4 个或 4 个以上的扫描站点，且相邻扫描站点具有足够的重叠度。

（2）针对不规则、有转折区域，需在不规则、转折区域两侧均布设扫描站点，若是转折区域、差异较大的区域，还需多布设扫描站点以确保数据的完整性；同时布设的各相邻站点的重叠度、激光入射角应尽可能保证一致，避免造成数据拼接误差增大。

根据被测物体的现场地形特征分类布设扫描站点，先要确保满足相邻扫描站点数据的重叠度和被测物体表面数据的完整性两大因素要求，再尽可能满足各站点架站间距、各站点与被测物体距离、重叠部位、激光入射角等因素要求。

9.1.3 标靶布设

通过地面式三维激光扫描系统获取的海量点云数据需要纳入指定的测量坐标系后才能用于工程测量、古迹保护、建筑、规划、数字城市等。因此，在外业数据采集扫描场景中难以找到合适特征点时，一般采用标靶辅助采集。

标靶主要是为外业数据采集提供明显、易识别的公共点，在三维激光扫描数据后处理中作为公共点用于坐标转换，是定位和定向的参数标志。在外业采集过程中，常见的标靶有两种，即平面标靶和球形标靶。

平面标靶（见图9.2），一般是由两种对激光回波反差强烈的颜色2×2交替分布组成。这两种对激光回波反差强烈的颜色一般为黑、白色，因为白色对激光有强反射性，而黑色易于吸收激光能量产生弱反射性，且黑、白色呈2×2交替分布，从而使平面标靶靶心明显、易识别。

球形标靶（见图9.3），即规则对称的球形，通常称之为"标靶球"。其表面一般采用高强度PVC材料，防雨、防磨、防摔，且可以使扫描仪在更远的距离还能采集到球体表面数据。标靶球规则对称的几何特点，可以在任意、不同站点扫描都能获得同一球形标靶的半个表面点云数据，即任意、不同站点上扫描的球心位置是固定的，故标靶球非常适用于具有转折或不规则物体的点云拼接扫描。但由于标靶球的几何中心无法通过其他手段进行量测，因此球形标靶不适用于地面式三维激光扫描坐标转换。

图9.2 平面标靶　　　　图9.3 球形标靶

标靶布设是外业采集至关重要的环节。标靶布设不仅要考虑其布设的合理性，而且要保证同名标靶点的通视条件。

在执行扫描任务过程中，必须考虑许多因素，如扫描仪架设位置、扫描范围内设置标靶数目，标靶放置位置、方位和所需的成果资料精度。对于使用标靶的扫描，3个标靶为最基本的要求，在某些时候标靶也可以用如建筑物转角等特征点或扫描机位点代替，建立水平面位置和空间方位。

地面式三维激光扫描的标靶布设过程中需注意以下 4 个事项。

（1）一般而言，扫描中使用 3 个以上的标靶；同时要求摆放的位置不能在同一个平面上，也不能在同一条直线上。

（2）标靶球的最佳放置位置要根据不同型号的三维扫描仪测距和精度要求进行调整。以 FARO 三维扫描仪为例，其最佳的位置是在距扫描设备 10m 范围内；标靶纸的最佳放置位置在距扫描仪 5m 范围内效果最佳，当然这与标靶大小也有直接关系。

（3）应因地制宜地选择在地面稳定、便于保存和易于联测的地方，便于后期数据坐标转换等操作。

（4）为了克服外界不可预计因素的影响，如风导致标靶抖动、翻倒，车辆行驶的阻挡等导致标靶信息缺失，可以根据具体情况选择性地使用多个标靶，并在扫描视场范围内尽可能均匀分布标靶，以提高识别精度，对于多视角扫描也会更方便、快捷。

9.1.4　数据采集

三维激光扫描仪数据采集主要获取点云数据、影像数据，这些原始数据一并存储在特定的工程文件中。另外，可通过全站仪、RTK 等获取控制点数据。

1. 点云数据采集

1）扫描仪器的使用注意事项

首先，三维激光扫描仪包括精密的电子及光学设备，在出厂之前是经过精密调校的，因此在运输搬运过程中，尽量轻拿轻放，减少仪器的振动；尽量不要触碰前面的扫描窗口；仪器本身虽具有一定的防水、防尘能力，但要注意防止仪器浸入水中。最后，在设备开始数据采集前对激光扫描仪的外观、通电情况进行检查和测试。

2）扫描前准备

（1）根据预先设定的标靶布设计划放置靶球或标靶纸；

（2）打开三脚架并水平放置（圆水准气泡居中）；

（3）将扫描仪放置在三脚架上并旋紧固定，取下镜头保护罩；

（4）启动设备；

（5）新建项目。

3）设置扫描参数

分辨率与质量是扫描的主要参数。分辨率用于确定扫描点的密度，分辨率越高，图像越清晰，细节细度也越高；质量用于确定扫描仪测量点的时长以及点的采样时长，质量越高，噪音越少或者多余的不需要的点数量就越少（见图 9.4）。

在现场外业数据采集过程中，尽可能将扫描采样间距偏小设计，即增加各测站间的重叠度，以便后期信息提取。但也不是越小越好，因为越小的扫描采样间距在同等扫描面积情况下，其获取的点云数据量越大，需要的时间越长，过大的数据量可能导致软件难于处理或超出其计算处理能力，增大了后期数据处理的难度。一般情况是数据后期处理时间要远远大于现场数据采集时间。因此并不是数据采集得越多越好，正确的方法是根据扫描目的在采样间距与扫描时间之间取得一个平衡，既要保证数据反映足够的细节信息，又要减少现场扫描时间，也就是尽可能让扫描间距更合理。

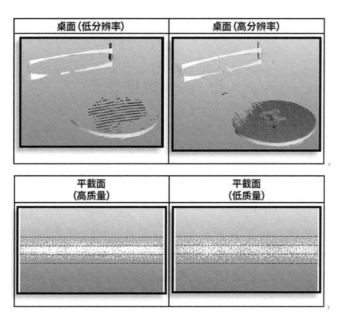

图 9.4 分辨率与质量

4）点云数据采集

根据预先设定的扫描路线布设站点，实施扫描与拍照。同时扫描完成后还需现场初步分析数据的质量是否符合要求：保证采集数据量既不缺失，又不过度冗余，尽量避免二次测量和数据处理中产生不必要的工作量。

2. 影像采集

由于地面式三维激光扫描仪获取的三维点云数据只包含被测物体的灰度值，想要获取点云的彩色信息，则需要三维激光扫描仪扫描时通过内置相机或配置外置摄像相机获取相应彩色影像，将被测物体的彩色影像与点云数据进行纹理映射，获取彩色点云信息。彩色点云数据能更直观、全面地反映物体的表面细节，对识别道路标志物、评价地质信息、测量产状、提取地物特征等具有重要意义。

地面式三维激光扫描仪搭载相机可分为内置和外置。内置相机即安装至扫描仪内部，固定焦距，不可变焦；但其获取的影像能自动映射到被测物体的空间位置和点云上。而外置相机，则需要在三维激光扫描数据后处理中手动辅助纹理映射。

在地面式三维激光扫描仪采集影像数据过程中需注意以下几个事项。

（1）彩色信息采集质量主要受到光线的影响。采集影像数据时注意避免过分曝光、光线明暗变化大、分多次采集等。

（2）采集的影像数据应尽量满足纹理清晰，层次反复、易读，视觉效果好等，因此采集影像数据时，尽可能采用更高清晰度的相机。

（3）外置相机采集影像数据时，拍摄角度尽量与扫描角度一致，避免由于角度差异过大而导致纹理映射困难，造成彩色贴图错层、失败。

135

（4）采集影像数据时应避免重复采集。三维激光扫描数据后处理时应先对全部点云数据拼接完成后，再进行纹理映射，以避免重复纹理映射导致点云数据彩色信息杂乱、错层。

9.2　内业数据处理

三维激光扫描技术的关键在于如何快速获取目标物体的三维数据信息。在获取高精度的三维扫描数据时，除与使用的激光扫描仪的构造、性能、扫描方法有关外，还与扫描环境、仪器架设、站点的选择等因素有关。但在获取点云数据后，如何进行内业数据处理，也是影响数据结果的重要因素。

地面式三维激光扫描仪在外业采集过程中会受到多种外界因素影响，产生噪点。因此地面式三维激光扫描内业数据处理，首先在后处理软件中对点云数据预处理，然后需要对点云数据进行拼接、坐标转换、纹理映射等转换成绝对坐标系中的空间位置坐标或模型，以便输出多种不同格式的成果，满足空间信息数据库的数据源和不同应用的需要。

9.2.1　数据预处理

数据采集后的第一步是对采集的点云数据和影像数据进行预处理，这包括转换数据格式与消除由各种外部因素和设备本身造成的显著噪点两个步骤。

1. 数据格式转换

由于不同型号三维激光扫描仪的点云数据的格式各不相同（见表 9.1），且不同型号的三维激光扫描仪配套点云数据后处理软件所能处理的数据格式也有所局限，为了在不同的点云后处理软件中进行数据处理，因此需要进行数据格式转换。

表 9.1　　　　　　　　　　　部分不同品牌的原始数据格式

仪器品牌	数据格式	仪器品牌	数据格式
FARO	. fls/. fws	Trimble	. fls/. pts
Optech	. scan/. ply	中海达	. hsr/. hls
Z+F	. zfls	北科天绘	. imp
RIEGL	. rxp/. 3dd/. ptc	通用格式	. las/. xyz/. pts

2. 点云去噪

噪点，可理解为与被测物体描述没有任何关联的点，且对于后续整个三维场景的重建起不到任何用处的点。在外业数据采集时，不规则、不平整的被测物体，环境复杂、变动频繁的现场，移动的汽车、人、漂浮物，以及扫描目标本身的不均匀反射特性等，都会使点云扫描数据产生噪点。点云去噪是为了保留点云数据完整、有用的特征信息，也要剔除不必要的噪声。如果不将这些噪点数据去除，将严重影响后续点云拼接精度。

所以，点云去噪是减少数据量及提高点云拼接精度的有效手段。

产生噪点的因素主要分为三类。第一类是由扫描系统本身引起的误差，如扫描范围、定位精度、分辨率等。第二类是由被测物体表面引起的误差，如被测物体的反射特性、表面粗糙度、距离和角度等。第三类主要是外界一些随机因素形成的随机噪点，在外业数据采集时，汽车、人、漂浮物等在扫描设备和扫描目标之间移动都会产生噪声。

9.2.2　点云数据拼接、坐标转换

一个完整的实体，单站扫描往往不能完全反映实体信息，需要我们在不同的位置进行多站扫描，这就出现了多站点云数据的拼接问题。

目前常用的点云拼接方法有基于标靶的点云数据拼接、基于几何特征的点云数据拼接。

1. 基于标靶的点云数据拼接与坐标转换

在扫描过程中，扫描仪的方向和位置是随机和未知的。为了实现两个或多个站点扫描的拼接，常规方法是选择共同的参考点实现拼接，这被称为间接地理参考。选择一个特定的反射参考目标作为地面控制点，并利用其高对比度特性来实现扫描位置和扫描图像的匹配。同时在扫描过程中，经常利用 RTK 测量获得每个控制点的坐标和位置，然后进行坐标转换和计算，获得单一绝对坐标系中的坐标实体点云。这一系列的工作包括人工参与和计算机自动处理，并且是半自动完成的。

基于标靶的点云数据拼接，其在点云数据后处理软件内自动按照扫描顺序进行，且显示拼接结果自动优先考虑扫描效果较好的。

2. 基于几何特征的点云数据拼接

基于几何特征的点云数据拼接，通过利用前后相邻两个扫描站点重叠区域的几何特征，获取点云的拼接参数，经常被用于多站点的点云数据拼接。

基于几何特征的点云数据拼接精度主要取决于采样密度和点云质量。例如，前后相邻两个扫描站点之间的间距大，采样密度小，则重叠区域的几何特征会明显减少，导致拼接精度下降；同时，过多的植被覆盖会导致拼接精度下降。

基于几何特征的点云数据拼接要求，需要待拼接的点云数据在三个正交方向上有足够的重叠。根据目前的扫描经验，两站扫描数据的重叠率尽可能为整个三维图像的20%~30%；如果重叠率设置过低，则难以保证拼接精度；如果重叠率设置太大，现场数据采集的工作量势必要增大。

3. 坐标转换

数据拼接完整的点云数据坐标需要转换成绝对坐标系中的空间位置坐标，才能满足空间信息数据库的数据源和不同应用的需要。目前，主要利用标靶点进行坐标转换。

基于标靶的坐标转换，是利用前后两个相邻扫描站点的视场中共有的标靶点的坐标进行转换。因此外业数据采集过程中，布设的标靶位置需要均出现在前后相邻两个扫描站点的扫描视场内，且三维扫描仪在前后相邻两个扫描站点对同一标靶的激光入射角不能相差过大。在后处理过程中，点云数据后处理软件自动或半自动地识别不同站点的公共标靶点（3 个或 3 个以上），根据这些标靶点坐标信息，将点云数据从扫描仪的空白

坐标系统统一转换为标靶点的大地坐标系。

9.2.3　纹理映射

由于地面式三维激光扫描仪获取的三维点云数据只包含被测物体的灰度值，本身不具备颜色信息。想要获取点云的彩色信息，则需要三维激光扫描仪扫描时通过内置相机或配置外置摄像相机获取相应彩色影像，将被测物体的彩色影像与点云数据进行纹理映射，获取彩色点云信息。

点云数据纹理映射，又称纹理贴图，是将纹理空间中的纹理像素映射到点云数据上。简单来说，就是把一幅图像贴到三维物体的表面上以增强真实感，可以和光照计算、图像混合等技术结合起来形成许多非常漂亮的效果。这是对构成点云的物体的所有细节、特征更真实的可视化（见图9.5）。

图 9.5　纹理映射

目前，大多数激光扫描设备都有内置相机或外置相机，在采集点云数据时同步记录同轴旋转的摄影数据。点云数据与纹理在很多细节的反映上具有互补的特性。在对点云数据的研究中，有时点云显示了更多的细节，而有时颜色数据则更具有描述性。颜色数据反映了真实物体的客观属性，是点云数据重要的附加信息。在工程地质勘察及相关研究中，色彩信息往往也具有重要的参考价值。

9.2.4　点云数据应用

地面式三维激光扫描系统可以深入任何复杂的现场环境及空间中进行扫描操作，并直接将各种大型的、复杂的、不规则的、标准或非标准等实体或实景的三维数据完整地采集到电脑中，进而通过数据预处理、点云拼接、坐标转换、纹理映射等快速重构目标的三维模型及线、面、体、空间等各种制图数据，根据数据成果要求进行各种后处理工作。如在 AutoCAD 软件可进行立面测量，在 JRC 3D Reconstructor 软件可进行土方测量，在 SouthLidar 软件可进行地形图绘制等。

地面式三维激光扫描系统改变了以往的单点数据采集模式，实现自动收集持续密集的数据，并进行大量的点云数据采集，大幅提高了地形测绘的工作效率，被广泛应用于测绘、电力、建筑、工业等领域。

思考与练习

1. 简述地面式激光雷达的外业作业流程。
2. 选择扫描站点时需要注意哪些事项?
3. 标靶球布设过程中需要注意哪些事项?
4. 采集彩色数据信息过程中需要注意什么?
5. 简述点云数据拼接与坐标转换的方法。

第10章 背包式激光扫描数据采集和处理流程

10.1 流 程 概 述

与机载、车载移动测量相比，背包式激光扫描仪以背包为载体，作业时由作业人员沿规划路径前进进行扫描。虽然同为移动载体，背包式激光扫描系统的定位方式却与车载、机载激光扫描系统不同。目前主要有两种定位模式：一种是基于 GNSS 进行定位，这类与车载、机载相同，通常激光扫描仪做过改装，可用于车载、机载、背包等多种平台作业；另一种是基于 SLAM 算法进行定位，这类扫描仪不依托于 GNSS 定位，因此可以在室内等区域作业。

基于 SLAM 算法的背包式激光扫描系统的外业采集流程相对简单，以 VLX 背包式激光扫描系统为例，外业采集流程主要分为前期准备、设备准备、数据采集、数据检查四个部分；内业处理分为 SiteMaker 处理和 IndoorViewer 处理两个部分，流程图如图 10.1 所示。

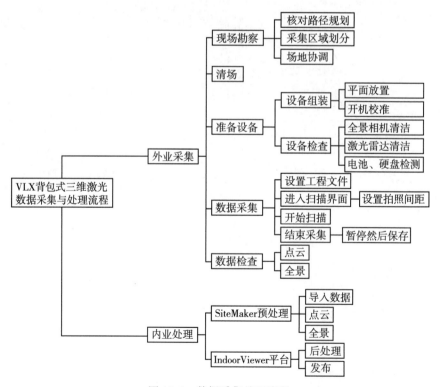

图 10.1　数据采集处理流程

10.2 外 业 采 集

10.2.1 前期准备

(1) 获取测区平面图。用于项目和路径规划，计算扫描建筑的面积，预估扫描时间等。

(2) 确定场地开放时间，便于预估每日可作业时间。

(3) 现场准备。提前清场，尽量减少人员走动；提前整理、隐藏机密文件；优化现场灯光；保证扫描路径途中的所有门均为打开状态。

10.2.2 设备准备

(1) 组装设备，并进行电池、硬盘检查及设备检测。

(2) 开机。把组装好的设备水平放置地面，检测校准约30s。

(3) 保持传感器表面清洁干净，如有需要，请使用箱子里的微纤维擦布对激光雷达扫描头和相机进行擦拭。

10.2.3 数据采集

扫描前先建立工程文件，并设置其他扫描参数。

根据实地勘察过程中已经规划的扫描路径进行数据采集，道路拟规划的采集路径为直线不闭合型路线。扫描过程中尽可能保持匀速前行，转弯时，减缓行进速度。

正确使用设备是保证数据质量高的最简单方法。

(1) 步行速度。以缓慢而稳定的速度行走，这将确保较为稳定的点云数据捕获范围。太快移动可能会导致点云密度过低和照片的模糊。

(2) 方向。扫描时，请保证VLX尽可能保持直立，避免突然或急促的动作。倾斜设备可能会导致操作员的身体在点云或照片中可见。扫描时，请勿将VLX倒置。

(3) 与物体的距离。距离物体1~10m时，将捕获最佳质量的图像和点云。距离物体不到1m将影响扫描质量。激光扫描仪的扫描范围是100m，但是当扫描远处的物体时，点云密度较低。

(4) 多个角度进行扫描。从许多不同的角度扫描对象以获得更完整的点云。包括反复上下楼梯，双向走过走廊，在角落和狭窄的空间中旋转360°以及绕着重点扫描的物体多次走动。

10.2.4 数据检查

在扫描结束后，打开DATASETS对所采集的道路外业数据进行检验，检验内容包括：道路数据采集完整性、全景影像的质量。

10.3　内　业　处　理

10.3.1　数据预处理

外业数据采集结束后，首先是对扫描数据做预处理，处理内容包括解算点云、去噪、点云着色、生成全景照片，处理过程是全自动的。只有先用配套软件 SiteMaker 对扫描数据进行解析计算，才能够得到想要的点云数据和全景影像。

具体数据预处理内容为：

（1）打开 SiteMaker，生成项目文件夹，并为其命名以及选择文件路径。

（2）输入锚点文件生成文件夹。

（3）将原始数据拷贝到项目文件夹中，并刷新出数据集。

（4）设置参数，主要有点云、全景图、锚点文件三方面。

（5）选择需要处理的数据集，点击"Start!"，即可开始处理数据。

10.3.2　平台发布

IndoorViewer 是基于浏览器的应用平台，它可以把建筑的点云和全景照片转化成一个完全沉浸式的数字化 3D 建筑，用于室内空间多维可视化，形成丰富的数字信息和室内空间路径规划指引。IndoorViewer 平台用直观的工具管理 3D 扫描数据，用于数据的创建、协作和发布。它将加快移动扫描工作流程以及模型的创建和交付速度，使数据更有价值。

该平台功能如下。

（1）对任何室内空间进行完全沉浸式多维漫游，如图 10.2 所示。

图 10.2　多维漫游展示

（2）数据集查看。数据集可以显示添加在实例中的每个数据集，如图 10.3 所示。

图 10.3　数据集查看

（3）路径规划。在屏幕上以对话框的形式显示详细路径说明，如图 10.4 所示。

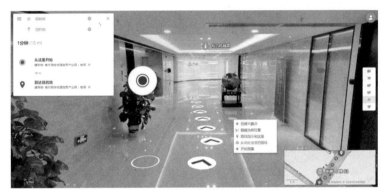

图 10.4　路径规划

（4）测量。选取垂直、水平、自由三种方式量取室内空间的距离信息，如图 10.5 所示。

图 10.5　测量

143

（5）自定义二维地图。可以通过下载 .png 格式二维栅格地图，上传修改后的二维栅格地图；或者以 .dxf 格式矢量地图替换二维栅格地图，如图 10.6 所示。

图 10.6　自定义二维地图

（6）数据共享。创建成功的实例链接可以在任意终端、任意浏览器打开。

（7）点云融合。支持 .e57，.pts，.ptx，.ply，.xyz，.ply 格式；.e57 格式有序的彩色点云可生成全景影像，如图 10.7 所示。

图 10.7　点云融合

（8）点云裁剪。通过 2D/3D 视角进行最优点云裁剪和下载，可根据需求在实例中任意位置裁剪，如图 10.8 所示。

关于 SLAM 算法，以下作简要描述。

SLAM 全称为 Simultaneous Localization And Mapping，也称为 CML（Concurrent Mapping and Localization），即时定位与地图构建，或并发建图与定位。这意味着移动扫描系统应用了一种定位算法，该算法允许移动扫描在创建地图的同时找到自己的位置。

为了更好地理解 VLX 使用的 SLAM 技术，可以将它描述为：将一个扫描仪器放入

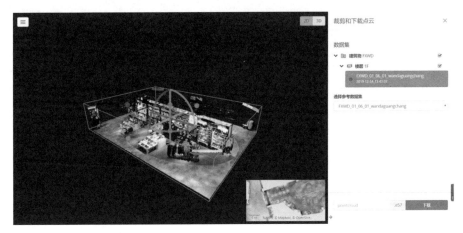

图 10.8　点云裁剪

未知环境中的未知位置，是否有办法让扫描仪器一边移动、一边逐步描绘出此环境完全的地图。所谓完全的地图，是指不受障碍可行进到房间每个可进入的角落。

这种移动扫描系统是根据激光信号从光源到墙壁，再返回所需的时间来测量距离的。它通过将许多测量数据连接在一起来构建地图。为了估计它的位置，移动扫描系统使用扫描匹配，将当前的激光扫描与之前看到的进行比较，它通过观察自己与周围环境的距离变化来计算自己移动的距离和方向。

所以 SLAM 为一种算法，用于将来自移动扫描系统的传感器（激光雷达、RGB 相机、IMU 等）所捕捉的数据进行融合，并最终确保形成正确的扫描轨迹。它允许背包设备构造一个地图并同时在该地图内进行自身定位。

当设备在初始化系统时，SLAM 算法会使用传感器数据和计算机视觉技术来观察周围环境，并精准地估计设备的当前位置。

当设备在移动时，SLAM 将根据设备在之前位置的估算值，并与系统传感器回传的数据值对比，重新计算设备的当前位置。将此过程不断重复，SLAM 系统将最终跟踪设备在建筑物中所行驶的路径。

思考与练习

1. 简述 SLAM 算法。
2. 简述背包式激光扫描数据采集及处理流程。
3. 外业采集前期准备时需要进行哪些工作？
4. 背包式激光扫描数据预处理包含哪些工作？
5. IndoorViewer 平台有哪些功能？

第11章　激光雷达的行业应用

11.1　机载激光雷达在获取 1∶1000 地形图方面的应用

11.1.1　项目概况

受业主委托，对广东省揭阳市揭西县 213.8km² 测区进行激光雷达扫描作业（见图 11.1），测区地貌主要有山地、丘陵、平原三大类型，西北部重峦叠嶂，中部丘陵起伏，东南平原低洼，相对高差极大，传统人工的测量模式根本无法完成，需利用新技术手段和新设备辅助进行规划。故使用工作效率高的有人直升机挂载南方测绘自主研发的移动测量激光雷达系统 SZT-R1000 进行外业数据采集。

影像及点云数据同步采集，利用高精度的点云数据提取测区地面点，获取等高线及高程点成果，最终得到完整的测区 1∶1000 地形图成果；基于 PPK 解算得到的高精度POS 数据进行免像控环境下的 DOM 生产，经检验该 DOM 成果满足 1∶1000 地形图测绘要求。整个作业过程中极大地减少了外业工作难度及内外业工作量，经实地采集检查点验证，该成果满足 1∶1000 地形图成果要求。

图 11.1　测区范围

11.1.2 技术流程

本项目以有人直升机为平台搭载 SZT-R1000 移动测量系统，进行外业数据采集；利用 SouthLidar 软件在点云上进行房屋矢量化和房檐改正；利用高精度点云数据生成 DEM 数据；利用 TerraPhoto 软件和高精度地面点云数据，实现免像控技术生产 DOM 数据；综合运用点云、DOM、DEM 等数据进行 DLG 生产工作（图 11.2）。

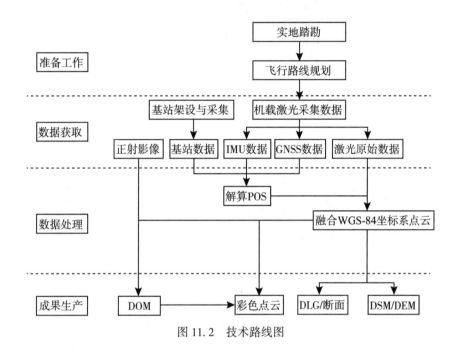

图 11.2 技术路线图

11.1.3 项目实施

1. 外业采集

（1）将基准站架设在控制点上，进行静态采集，与飞机端 GNSS 数据进行后差分即可获取高精度 POS 数据。

（2）根据作业现场情况设计飞行航线。

（3）有人机挂载南方测绘 SZT-R1000 激光雷达移动测量系统，采集激光点云数据。飞行完毕后，连接激光系统，下载 GNSS 数据、IMU 数据、照片数据、激光扫描数据。

图 11.3 为作业现场图。

2. 数据预处理

（1）使用轨迹解算软件解算高精度轨迹数据（图 11.4）。

（2）将轨迹数据与激光原始扫描数据融合得到原始点云数据（图 11.5）。

（3）将原始点云数据与影像 POS 数据转换到目标坐标系。

图 11.3　作业现场

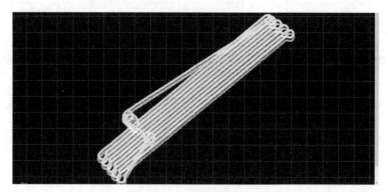

图 11.4　轨迹数据

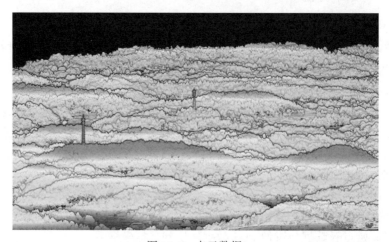

图 11.5　点云数据

3. 成果生产

（1）在 Terrasolid 软件中进行点云分类，将分出的地面点生成 DEM（图 11.6）。

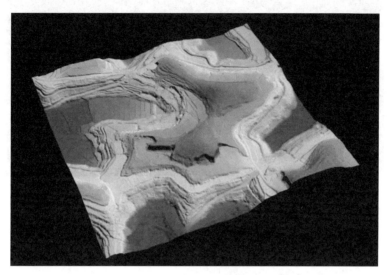

图 11.6　DEM 数据

（2）利用 TerraPhoto 软件和高精度 DEM 数据，免像控生产 DOM 数据（图 11.7）。

图 11.7　DOM 数据

（3）综合运用点云、DOM、DEM 等数据进行 DLG 生产工作（图 11.8）。

11.1.4　精度检查

1. 点云高程精度验核

利用测区 51 个水泥地面的检核点数据对分类后的地面点云数据进行高程检核（图 11.9），其中最大点点位误差为 0.35m，后续分析是因为该点位植被茂密，且是在道路边缘造成的；最终检核中误差为 0.093m，精度远高于1∶1000地形测量国家规范要求①。

图 11.8 DLG 数据

图 11.9 控制点精度报告

2. 数字正射影像（DOM）精度验核

在测区利用省网 CORS 账号，随机抽检了 41 个具有明显特征的地物点作为平面精度的检核点，通过和生成的 DOM 数据进行对比，求得 DOM 数据平面位置中误差为

---

① 指《1∶500 1∶1000 1∶2000 地形图航空摄影测量内业规范》（GB/T 7930—2008）。

0.134m，精度远高于1：1000地形测量国家规范要求①。

3. 数字线划图（DLG）精度验核

本项目总计生产1：1000数字线划图（DLG）133.8km²，本次检查随机在成果图中用全站仪实测106个房角点，然后和DLG成果图上解析出来的坐标值进行对比，最终统计出房角点中误差为0.262m，同国家相关规范要求的0.6m相比，精度远高于1：1000地形测量国家规范要求①。

11.1.5 项目总结

本项目测区内由于居民区占比大、房屋密集、要求精度高，传统测量模式难以达成测量任务，因此利用有人机搭载激光雷达作业，采用变高仿地飞行模式。在该作业模式下，有效避免了测区最大高差大于1/6航高问题以及分区造成频繁调头的不利影响，最终获取测区内外业数据。内业方面根据点云数据进行分类，生产出DOM、DEM、DLG数据，完美达到客户需求。

南方测绘自2008年起进军激光雷达领域，随着采集数据多元化发展，技术水平不断提升，研发出SZT-R1000、SouthLidar等系列移动测量系统硬软件产品，依靠项目和研发相互促进的模式，形成了在该领域的领先优势。

11.2 机载激光雷达在电力巡线方面的应用

11.2.1 项目背景

随着我国电力事业的发展，电网的数量不断增加，其覆盖范围也在持续扩大。由于输电线路设备长期暴露在野外，受到持续的机械张力、雷击闪电、材料老化、覆冰及人为因素的影响，产生倒塔、断股、磨损、腐蚀、舞动等现象。这些现象若得不到及时处理，会严重影响电网的运行和电力供应。绝缘子存在由树木生长、雷击损伤而引起高压放油和绝缘劣化的情况，这些情况又会导致输电线路事故。此外，还必须及时处理如杆塔被偷盗这样的意外事件。

传统的人工巡线方法不仅工作量大，费时费力且危险系数高，特别是对山区和跨越大江大河的输电线路巡检，以及在冰灾、水灾、地震、滑坡、夜间的巡线检查。而对于某些线路区域和巡检项目，人工巡线方法目前还难以完成。基于以上背景，现代化电网的建设与发展急需更科学、更高效的电力巡线方式。

机载激光雷达系统由于具有快速获取高精度激光点云和高分辨率数码影像的优点，无论对新建线路的走向选择设计，还是对已建线路的危险点巡线检查、线路资产管理以及各种专业分析，都带来了传统测绘手段所不具备的作业模式和技术优势。其主要应用如下。

（1）新建线路的验收及原始档案的建立。主要包括：线路通道（树木房屋）、交叉跨越（输电线路、高速、铁路等）、杆塔本体（各部件安全距离、倾斜等）、导地线弧

---

① 指《1：500 1：1000 1：2000 地形图航空摄影测量内业规范》（GB/T 7930—2008）。

垂及线间距离等。

（2）对运行中的输电线路，测量导线与树竹、新建房屋等的安全距离，对树竹的生长趋势进行判断等，也包括大负荷、高温等情况导地线弧垂的检测和交叉跨越点线间距的测量。

（3）带点作业前校核杆塔各部件之间的安全距离测量，如塔窗结构尺寸、导线间安全距离等。

通过无人机搭载激光雷达系统获取真实点云数据，为输电线路监护人员提供数据基础，通过专业电力三维激光点云软件处理，以电力走廊内的关键对象——电力线与电力塔为核心，发现输电线路设施设备异常和隐患，以及线路走廊中被跨越物对线路的威胁，极大地提升了巡检效率与精度。

11.2.2　项目概况

本项目由南方测绘承担，对朝阳市电力管廊以无人机载搭配激光雷达的作业方式进行测绘，并进行数字正射影像（DOM）、数字高程模型（DEM）及数字表面模型（DSM）成果生产。

成果要求如下。

（1）输电通道无人机、地面激光扫描覆盖宽度不小于《架空输电线路运行规程》（DL/T 741—2019）中规定线路保护区宽度（边线外距离 10m）。

（2）输电通道激光点云密度不小于 50 点/m²。塔线结构完整，杆塔、绝缘子、导地线及挂点、塔基轮廓完整、清晰，满足应用需求。导线、地线部件无连续 10m 以上缺少点云情况。

（3）对植被覆盖密集区和地貌破碎区不小于 60 点/m²。对输电通道内地物较少的地表裸露区不小于 35 点/m²；对激光点云反射率较低的特殊困难区（如河流、湖泊等易形成镜面反射区域，深谷等）不小于 20 点/m²。

（4）获取的点云平面和高程绝对精度不低于±10cm，平面和高程相对精度不低于±5cm。

（5）在激光点云反射率较低区域（如河流、湖泊等易形成镜面反射的区域）、深谷等特殊困难地区，平面和高程绝对精度不低于±30cm，平面和高程相对精度不低于±7cm。

（6）按照地形特点，成图精度要求，高程精度要求在 5~10cm。

11.2.3　项目实施

1. 技术流程

项目使用南方测绘自主研发的移动测量激光雷达系统 SZT-R1000 搭载六旋翼无人机进行外业数据采集。测量技术流程如图 11.10 所示。

2. 外业采集

（1）将基准站架设在控制点上，进行静态采集，与飞机端 GNSS 数据进行后差分即可获取高精度 POS 数据。

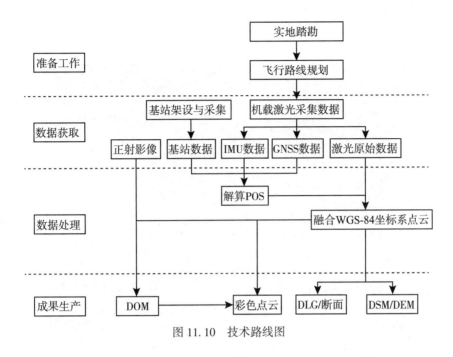

图 11.10　技术路线图

（2）根据作业现场情况合理设计飞行航线，在保证安全的前提下尽可能满足精度要求。

（3）多旋翼无人机挂载南方测绘 SZT-R1000 激光雷达移动测量系统，采集激光点云数据。飞行测量完毕后，连接激光系统，下载 GNSS 数据、IMU 数据、照片数据、激光扫描数据。

图 11.11 为作业现场图。

图 11.11　作业现场图

3. 数据预处理

（1）使用轨迹解算软件解算高精度轨迹数据（图 11. 12）。

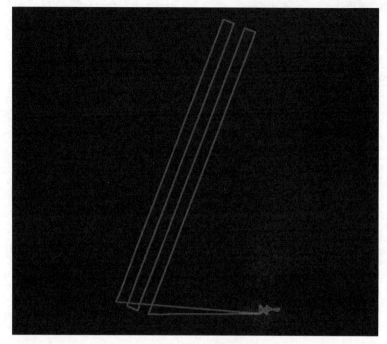

图 11. 12　轨迹数据

（2）将轨迹数据与激光原始扫描数据融合得到原始点云数据（图 11. 13）。

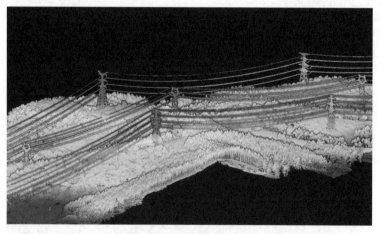

图 11. 13　点云数据

（3）将原始点云与影像 POS 数据转换到目标坐标系。

11.2.4 数据成果

（1）在 Terrasolid 软件中进行点云分类，将分出的地面点生成 DEM（图 11.14）。

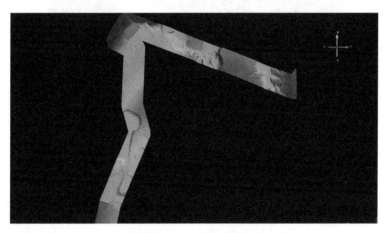

图 11.14　DEM 数据

（2）生成 DSM 数据（图 11.15）。

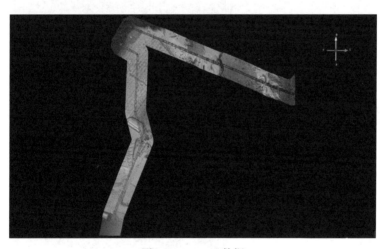

图 11.15　DSM 数据

（3）利用 TerraPhoto 软件和高精度 DEM 数据，免像控生产 DOM 数据（图 11.16）。

（4）电力线和塔座点云效果：杆塔点云数据结构完整，输电导线点云不存在长距离断缺或明显疏漏，在交跨上方，导线点完整、均匀（图 11.17、图 11.18）。

（5）点云高程精度验证。点云高程中误差 0.037m，精度远超项目要求（图 11.19）。

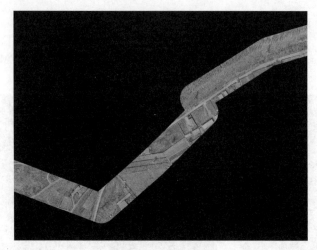

图 11.16　DOM 数据

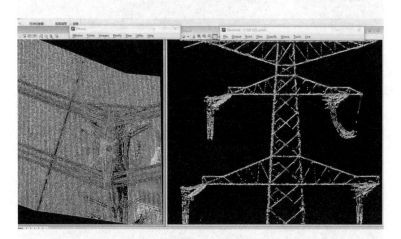

图 11.17　电力塔点云数据

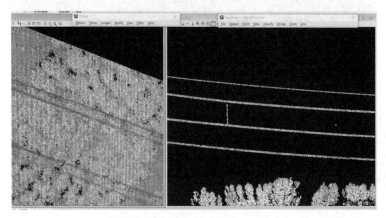

图 11.18　电力线点云数据

```
126          705.260      919.416   171.029 outside      *
jz           288.885      527.790   176.838 outside      *

Average   dz      -0.014
Minimum   dz      -0.145
Maximum   dz      +0.135
Average magnitude  0.028
Root mean square   0.037
Std deviation      0.034
```

图 11.19　控制点精度报告

11.2.5　总结展望

在新一轮科技革命和产业变革中，利用机载激光雷达获取的高精度点云，可以快速获取高精度三维线路走廊地形地貌、线路设施设备以及走廊地物（包括电塔、塔杆、挂线点位置、电线弧垂、树木、建筑物等）的三维空间信息和三维模型。这为电力线路的规划设计、运行维护提供了高精度测量数据基础，有效地支撑电力精细化自主巡检，为输电线路的设计、运行、维护、管理提供更高效、更科学和更安全的技术手段。

11.3　车载激光雷达在高精度地图采集方面的应用

11.3.1　项目背景

由于主动安全与自动驾驶技术的快速发展，高精度导航市场需求逐渐显露。随着传感器的更广泛使用以及成本越来越低，对不同传感器也产生更高的定位精度需求；同时随着很多新技术的产生，比如深度学习，自动驾驶地图也变得越来越多样化。为验证高精度导航地图数据，即激光点云数据在省市快速道路上无人驾驶导航的精准和联通能力，本项目以广东省为开端，对广东省高速道路、城市快速路进行激光点云数据采集。

11.3.2　项目概况（表 11.1）

表 11.1　　　　　　　　　　　项 目 概 况

作业时间	2020 年 3 月
项目地点	广东省
工作量	采集高速道路、城市快速路总里程 20000km
工作内容	对广东全省高速道路进行双向采集，生成高精度电子地图底图
成果需求	点云、全景影像、道路矢量地图底图

精度要求	点云绝对精度<5cm； 影像的采集间隔要求小于 15m/张；
技术依据	《国家三、四等水准测量规范》（GB 12898—2009）； 《全球定位系统（GPS）测量规范》（GB/T 18314—2009）； 《全球定位系统实时动态测量（RTK）技术规范》（CH/T 2009—2010）； 《车载移动测量技术规程》（CH/T 6004—2016）； 《公路勘测规范》（JTG C10—2007）； 《公路勘测细则》（JTG/T C10—2007）； 《测绘成果质量检查与验收》（GB/T 24356—2009）； 《测绘产品质量评定标准》（CH 1003—1995）
测绘基准	椭球基准：WGS-84； 投影方式：高斯克吕格 3°带投影
投入设备	3 套南方测绘 SZT-R1000 移动测量系统
投入人员	外业 6 人、内业 8 人
作业用时	外业扫描 45 天、内业处理 70 天

11.3.3　技术流程

本项目主要依托移动测量设备获取高精度激光点云数据和高分辨率的全景影像数据，达到快速测量道路信息的目的。前期需要勘测测区环境，提前将路线以添加途径点的方式导入地图，同时在采集过程中保持轨迹记录。数据采集后应立即对数据进行初步处理，将控制点导入点云数据，对比点云精度，在信号质量不好的情况下需要对点云进行平差纠正处理。然后对数据分类并进行矢量化绘制。技术流程如图 11.20 所示。

11.3.4　数据采集

本次项目外业采集采用南方测绘高精度车载移动测量系统 SZT-R1000（图 11.21），项目为保证点云密度，车速均控制在 80km/h 内，实现了纵向点间隔小于 10cm 的数据要求。同步采集点云数据和全景影像，获取点云的坐标信息、反射强度信息和彩色信息。基站使用省网 CORS 观测数据全程覆盖采集范围，保障了数据质量，省网 CORS 观测数据的采集时间跨度大于流动站数据采集时间跨度。惯性导航设备静态初始化和结束化时间严格控制在 10 分钟以内，确保获取高质量的惯性导航数据；利用高精度全站仪测量 GNSS、IMU、激光雷达和相机之间的相对关系，确保获取偏心矢量的正确性。当天解算数据并检查出解算 POS 数据质量，解算精度是否满足要求，检查采集的影像是否清晰，是否丢片。

11.3.5　数据生产

（1）数据融合：将点云数据与全景数据进行融合得到彩色点云，多次数据融合可

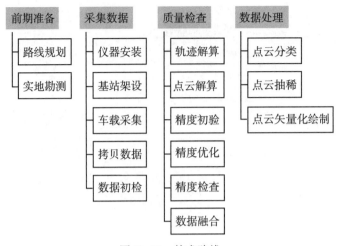

图 11.20 技术路线

图 11.21 SZT-R1000 车载移动测量系统

提高点云精度。

（2）自动提取：接下来就是在点云基础上进行特征自动提取，以高速公路为例，地物的识别率可达到90%。

（3）平台发布：编译好地图并通过质检，便可以发布到云端平台。

11.3.6 成果展示

以部分高速道路为例，图11.22是最终地图数据。

图 11.22　道路矢量地图

11.3.7　总结及展望

SZT-R1000 车载高精度移动测量系统顺利完成了本次项目的外业采集工作，所采集的数据完全满足高精度地图制作的精度要求，由此证明了激光雷达在高精度地图采集方面的实用性和易用性。

当前产业下，高精度地图的主要工作是促进自动驾驶的发展。自动驾驶车用多种传感器包括摄像头、毫米波雷达、激光雷达等来构建驾驶环境；通过传感器感知到的环境和高精地图对比完成定位；通过人工智能和规则完成决策，高精地图在其中协助进行路径规划；通过自动化控制的系统完成车辆控制，高精地图所记录的坡度、曲率、横坡等信息都会纳入控制系统中。

对于高精地图供应商来说，高精地图相关的绕不开的挑战就是测绘政策。从导航地图到高精地图，内容和形态已经发生了很大的变化。以往，对于导航地图进行审查时，关注的是边界、敏感岛屿以及敏感的 POI 等。而对于自动驾驶地图，这些内容都将消失，审图的重心也会转移。比如，在现行的法规中，道路的最大和最小曲率不能在地图中表达，而这些内容往往是自动驾驶汽车非常需要的。

还有一个更远的问题，那就是"全民测绘"。现在的汽车、手机在某种程度上其实都有测绘的行为，如记录轨迹、拍摄照片等，这些操作都牵涉测绘政策问题。所以需要业界同仁共同配合国家测绘地理信息局为调整、制定政策法规提出必要的技术和业务参考。

11.4　地面激光雷达在立面测绘方面的应用

立面测绘是建筑物不同立面正投影的精确测量，能精确再现建筑物的原貌；而立面图是城市美化建设、既有建筑改造设计的重要依据，因此立面测绘至关重要。

立面测绘通常要考虑建筑物的外貌、高度、外部装饰和艺术形式，表达出立面整体轮廓、构件轮廓和细节、立面典型材质片段等，故绘制建筑物立面图时，要求详细、精准地划分出建筑物的外轮廓、楼梯、窗户、房檐、阳台等。立面测绘以立面图为输出成果，一般可根据朝向划分为东立面、南立面、西立面和北立面。但在实际工程项目中，并不是所有的建筑物都是四个面，大多数建筑物为四个面以内，我们需要对建筑物各个立面分别绘制各立面图，并进行对应编号加以区分。

目前应用较为广泛的立面测绘的技术方法主要有人工量测法、全站仪法、三维激光扫描法（激光雷达）、近景摄影测量法等。但传统测绘方法会面临人工作业成本较大、作业方式不灵活、效率低、外业工作量大、耗时长等问题。相对而言，三维激光扫描技术是一项新兴科技，它更加快速、便捷、高精度、连续、自动地获取数据信息，形成三维点云数据。

运用三维激光扫描仪进行立面测绘具有以下优势。

（1）更快捷：不需要量尺等繁琐程序，只需要架好扫描仪，做好测站布设，就可以直接进行扫描。

（2）非接触性：扫描仪通过光的反射原理，不需要对建筑外墙有任何接触。

（3）实时性、主动性：扫描仪可以自动对建筑进行扫描，不需要更多人力操纵。

（4）高采样频率：通过调节，可以自主控制采样率，控制精度。

（5）快速性：扫描仪通过光的反射将扫描的物体数字化，更加快速，也解决了高层建筑顶层无法测量的问题。

11.4.1 项目背景

近年来，随着城市规划和治理进程日益加快，老旧城区改造、老旧建筑整治、历史建筑保护等需求日益凸显。而立面测绘工作及立面图是老旧建筑整治、改造和保护的重要依据。在老旧城区进行现代化改造过程中，由于老旧建筑物大多年代久远，原始设计资料缺乏且难以搜集，且不少建筑物经过多次改建，现状与设计图纸已无法匹配。针对这些情况，都需要实地进行建筑外立面测绘，获得其现状立面图。

作为工程项目，对某城区人民医院宿舍楼建筑群进行三维扫描，通过扫描获取的高精度、全面的三维激光点云数据绘制建筑群立面图纸，以便存档及为后期改造提供数据基础。

11.4.2 项目概况

本项目基本精度指标要求严格按照国家相关 1∶500 地形图航摄数字化测绘的要求执行，平面采用 1980 西安坐标系，高程采用 1985 国家高程基准（见表 11.2）。

本项目主要依托地面式三维激光扫描仪 FARO Focus S350 对某城区人民医院宿舍楼建筑群的所有可采集的表面进行全面三维扫描采集，获取高精度激光点云数据；先基于点云后处理软件，将采集的激光点云进行拼接、坐标转换、纹理映射等，再基于 AutoCAD 软件，对所有可视立面进行立面绘制，并编号存档。

表 11.2 **项 目 概 况**

作业时间	2021 年 7 月
项目地点	某城区人民医院
工作量	扫描面积达 2000m²
成果需求	点云数据（.pts）；立面图和平面图（.dwg）；
精度要求	数据分辨率（点间距）小于 5cm；满足 1∶500 地形图出图要求，解析度不小于150dpi；
技术依据	①《地面三维激光扫描工程应用技术规程》（T-CECS 790—2020） ②《总图制图标准》（GB/T 50103—2010）
测绘基准	坐标系：1980 西安坐标系。高程基准：1985 国家高程基准； 三维点云与建筑立面图纸比例尺为 1∶1
投入设备	FARO Focus S350（2 台）；DELL 工作站（2 台）；2 台 RTK；2 箱标靶球，若干标靶纸
投入人员	外业 2 人、内业 1 人
作业用时	外业扫描 5 天、内业处理 8 天

11.4.3 技术流程

某城区人民医院宿舍楼建筑群的立面测绘总体技术流程包括仪器检校、现场踏勘、架站布设、标靶布设、三维点云数据采集、三维点云数据处理、立面绘制等（见图11.23）。其中仪器检校、架站布设、标靶布设、RTK 测量应符合现行行业标准《地面三维激光扫描工程应用技术规程》（T-CECS 790—2020）的有关规定。

11.4.4 数据采集

利用 FARO Focus S350 三维激光扫描仪进行数据采集，可快速获取建筑物完整、高精度的三维激光点云信息。

1. 前期数据准备

前期数据准备工作包括提前和甲方配合人员沟通，做好安全准备工作，以及获取测区已有的控制点数据、地形图、立面图等一系列数据。

2. 现场踏勘

勘察施工现场情况，针对扫描目标的现状结构设定扫描站点间距及标靶布设。进行现场踏勘时需要注意设站环境的几点因素。

（1）不宜在有较大的灰尘、雾、雨或降雪天气中测量，可能会导致不正确的测量结果。应避免在这些天气条件下进行扫描。

（2）避免对象或表面直接受到明亮阳光照射，则它们的测距噪音可能会增大，这可能会导致此区域中的扫描数据有限。测距噪音指以 122 千点/秒的速度对单个点进行

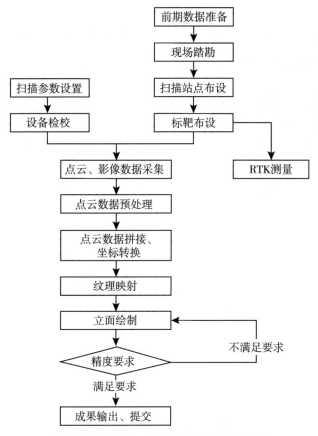

图 11.23 建筑物立面测绘方面技术流程图

重复测量时距离样本的变化。

（3）扫描面若是高吸收或高反射表面会增大测距噪音，从而导致测量不精确。

3. 扫描站点及靶球布设

1）建筑物外立面

如图 11.24 所示，以单栋宿舍楼建筑为例，建筑面积为 30m×10m。围绕建筑外围四个面，以红球作为仪器摆放位置，站点间距大致在 10~20m。建筑的每个面都有等距的 3~4 个站点，站点数参照建筑面的宽度。另外，由于三维扫描仪角度和视角的关系，距离过近会导致不能获取建筑最高处数据，架设扫描仪时应与建筑物保持 10~20m 的距离；而更高的建筑，如几十米甚至几百米高，则需要在建筑的近处和远处都架设扫描仪，确保获取到完整的建筑信息。

如图 11.25 所示，标靶 1（架设三个标靶），测站 1/2/3/10 可观测到，但是在测站 3 观测时，同时在建筑另一面架设标靶 2（架设三个标靶），则测站 3/4/5 可观测到。在测站 5 扫描时将标靶 1 的标靶球搬到 3 号位。标靶 3（架设三个标靶），测站 5/6 可观测到。在测站 6 观测时将标靶 2 的标靶球移动到 4 号位置，标靶 4（架设三个标靶），则测站 6/7/8/9 可观测到。

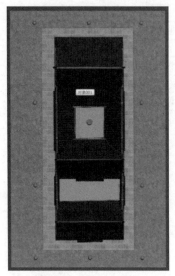
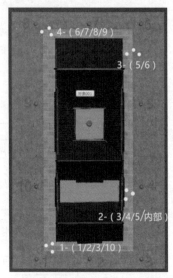

图 11.24　扫描仪架站示意图（外部）　　图 11.25　标靶球位置摆放图（白色为标靶球）

2）建筑物内立面

内部以平剖图显示，以单栋宿舍楼建筑为例；通常建筑都是两边对称，也就是镜像，所以内部架设站点也是镜像摆放（见图 11.26）。摆放原则，扫描仪与对象要保持一定距离，保证扫描到完整的对象；同时要根据项目合理规划测站间距和测站数，提高作业效率和数据完整度。

4. 数据采集

本项目使用 FARO Focus S350 地面三维激光扫描仪进行数据采集。

FARO Focus S350 扫描仪进行外业扫描时，首先展开并锁定三脚架；其次，将扫描仪安装至三脚架上，并锁紧固定件；最后，取下镜头保护套，打开电池仓，放置电池及 SD 卡。当全部准备工作完成后，按下扫描仪的电源开/关按钮，开机扫描仪；在扫描仪的集成触摸屏上，新建项目，并根据扫描场景设置好扫描参数后进行扫描，获取点云数据。

另外，在扫描仪进行扫描时，同时借助 RTK 对参考标靶坐标进行测量，作为点云坐标和目标坐标系二者之间转换的依据。外业扫描注意事项如下。

（1）禁止站在扫描仪镜头两侧，防止遮挡被扫描物体。

（2）站点之间要有足够的公共区域，其至少保持 30% 的重叠区域；且要保证扫描对象 90% 以上的数据完整性。

（3）标靶纸放在离扫描仪 5m 范围内效果最佳；标靶球放在离扫描仪 10m 范围内效果最佳，且至少放 3 个球，摆放的位置不能在同一个平面上，也不能在同一条直线上。

（4）如需转换坐标，至少需要摆放 3 张标靶纸。但是为防止在扫描过程中有被遮挡或被风吹动等不确定因素发生，建议多放置一些靶纸分散在不同方位，确保整个场景

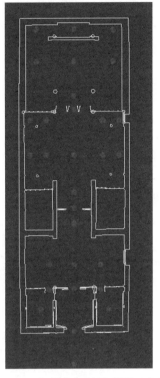

图 11.26　扫描仪架站示意图（内部）

都均匀分布有坐标点，进行数据拼接及坐标转换时有更多选择。

（5）勿在恶劣环境下（雾霾、灰尘大、下雨等）使用扫描仪。

（6）在扫描过程中，人员尽量减少在仪器前走动，以免影响扫描结果，产生不必要的噪点。

11.4.5　数据生产

数据生产包括点云数据预处理、拼接、坐标转换，数据完整导出，绘制每栋建筑物立面图和平面图，并归档编号。

1. 数据预处理

扫描得到的扫描外业数据会不可避免地产生数据误差，尤其是尖锐边和边界附近的测量数据。测量数据中的坏点，可能使该点及其周围的曲面片偏离原曲面，所以要对原始点云数据导入 FARO 配套的后处理软件 SCENE 中进行数据预处理，如数据平滑、数据光顺等（见图 11.27）。

2. 纹理映射、数据拼接及坐标转换

将预处理后的点云进行拼接。拼接的方式主要有两种，一种是基于对应目标标识物，即基于标靶的拼接（见图 11.28）；另一种是基于公共点云区域，即基于点云拼接。本项目基于对应目标标识物（标靶球）拼接每一栋建筑物并利用若干标靶纸进行坐标

图 11.27　平滑效果

转换，最后点击【应用图片】按钮，将图片上的 RGB 信息赋予到点云上，获取到彩色点云。同时还需对处理好的每一栋建筑物进行统一编号和命名，以便后续导出、转化、绘图等操作时能准确地找到数据，并归档。

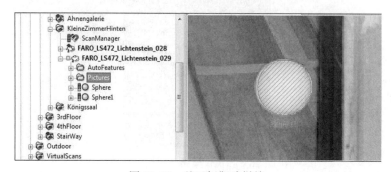

图 11.28　基于标靶球拼接

3. 三维激光点云数据检查

三维激光点云数据检查原则：

（1）确保三维激光点云数据的完整性与质量，不允许存在明显的空洞、点云错层、杂点等；

（2）三维激光点云的精度，如扫描精度、拼接精度及转换坐标精度是否满足测绘要求；

（3）三维激光影像点云数据的质量，不允许存在白色的浮动影像噪点。

4. 数据过滤及点云导出

数据过滤可采用手动选择和软件自动筛选两种模式进行冗余数据和噪点数据过滤删除，以优化数据，保留主体数据；这样能有效地减少数据量，提高作业效率。然后再利用【裁剪框】工具将单个建筑物框选出来（见图 11.29），导出点云。

5. 数据导出

按要求选择文件格式进行数据导出（见图 11.30），再利用 Autodesk ReCap 软件将文件格式转换为 .rcp 文件，进而实现将点云导入 CAD、3ds MAX 或 Revit 等软件。

6. 绘制图纸

打开 AutoCAD 软件，新建一个空白图形→点击右下角【切换工作空间】，选择【三

裁剪框裁剪

图 11.29　数据过滤

图 11.30　数据导出

维建模】→点击工具栏上【插入】→【附着】→选择要导入 .rcp 文件→在屏幕上点一下即可显示点云（见图 11.31）。在画图前需要将点云与 CAD 的 X、Y 轴进行对齐，然后统一在【上视图】中进行绘制（见图 11.32）。

图 11.31　某城区人民医院宿舍楼建筑群彩色点云（部分）

根据点云绘制每栋建筑物立面图和平面图，绘制完成后根据实际数据检验精度，直至满足精度要求，归档编号。

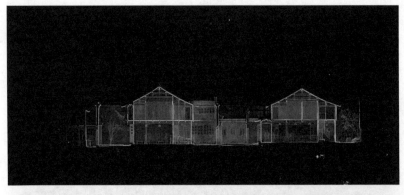

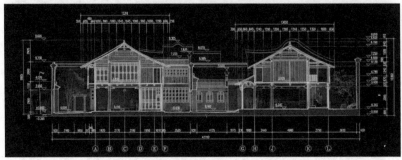

图 11.32 立面图绘制（部分）

7. 标注尺寸

绘制好的图纸需要对其进行尺寸标注，首先设置好标注样式，这样能使图形更直观、更整洁，便于尺寸设计，再根据图纸分别标注出建筑立面图各部位的尺寸信息，如层高、门窗、阳台等（见图 11.33）。

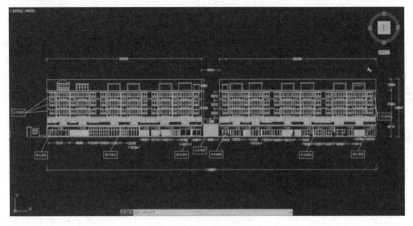

图 11.33 标注尺寸

11.4.6　成果展示

以某栋宿舍楼建筑立面图及平面图成果为例（见图11.34），展示其效果。

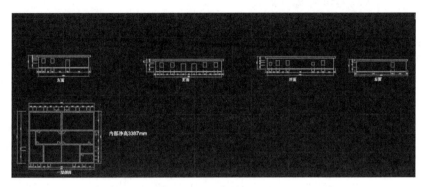

图 11.34　成果展示

11.4.7　总结及展望

随着时间的推移，既有建筑陆续会出现不同程度的墙面脱皮、设施老化、地板漏水等一系列问题。目前对既有建筑的改造受到诸多条件的限制，如建筑信息精准度低、改造难度大、改造效果相对难以量化等问题，许多建筑物实际状况要以现场测量为准，在一定程度上给建筑物改造设计造成极大困扰。

地面三维激光扫描技术是一种全自动高精度的立体扫描技术。地面三维激光扫描技术在建筑物立面绘制过程中，相对于传统方法，更高效、快速地获取建筑物各个立面完整的高精度点云数据，通过对点云数据做一系列处理，能够获取建筑物的平面图、立面图、剖面图等成果，为建筑物的改造设计、工程量计算、造价等提供基础数据。

地面三维激光扫描技术不仅准确地再现了建筑的原貌，而且还真实地保存了建筑内外表面的尺寸和结构特征数据。结合点云处理软件，可以方便、快捷地提取建筑的各种数据，有效、高效地生成建筑立面图，为进一步完善设计提供参考，使设计人员能够更直观地了解现场现状，有助于更好地优化设计方案。

采取三维激光扫描的方式，在建筑物的改造设计前期阶段虽然需要更多的时间，但在后期阶段一定程度上可节省时间和提高效率，从而提高项目收益。对于建筑和改造项目来说，三维激光扫描技术可以有效、完整地再现施工现场的复杂性，这对工程质量检查、工程验收提供了极大帮助。因此地面三维激光扫描技术逐渐成为连接既有建筑实体与虚拟制造的纽带，对既有建筑改造工程起到了不可替代的重要作用。

11.5　地面激光雷达在方量计算方面的应用

城市建设和发展带动着各种工程建设项目不断进行，而项目建设大多会牵涉土石方工程。土石方量的计算在工程施工中至关重要。土石方量是土石方工程施工组织设计的主要数据之一，在工程设计阶段，必须制订土石方工程量的预算，这直接影响工程的费用概算及方案选优。只有准确测量土石方量，才能合理调配土石方量，降低工程成本，加快工程进度，提高工程质量。

在工程实施中，土石方量计算包括填、挖土石方量的总和，通过现场实测的地形数据和原始地形数据进行土石方计算。若是采用人工挖掘或采用机械施工时，土石方量的计算主要根据机械台班和工期等，计算结果在一定程度上与实际土石方量相差较大。而土石方量的计算要尽量准确，如何快速、高效、精准地计算出土石方工程的体积成了人们日益关心的问题。

土石方量的计算需考虑填方量和挖方量的总和。土石方量计算方法是以相邻两个横断面之间距离为计算单位，即分别求出相邻两个横断面上路基的面积和两横断面之间的距离。土石方量计算方法较多，不同方法的使用范围和结果精度也存在较大差异。土石方量计算中常用的方法有方格网法、断面法、DTM 法、平均高程法（散点法）、等高线法等。

地面三维激光扫描技术是一种高采样率、高效率、高精度的三维扫描技术，被广泛应用于土木工程、变形监测、文物保护、计量等领域。地面三维激光扫描仪的扫描结果以点云的形式直接显示在计算机上，点间距可达毫米级。通过专业的点云处理软件，可以快速创建复杂结构和不同形状的三维可视化模型，用于后续的数据分析和处理。

地面三维激光扫描技术逐渐被运用到土石方量计算。通过三维扫描仪采集土石方表面点云数据，经专业的点云软件拼接、裁剪、去噪、修补、采样、封装等处理后得到精细逼真的地表三角网，输入土石方起算基准面即可利用软件的计算体积功能计算出土石方量。实际工程表明，利用地面三维激光扫描技术测量土石方量，在保证土石方量计算高精度的同时，可以有效降低外部劳动强度；同时计算结果与传统测绘方法相比具有明显优势，对精准计算工程造价、消除纠纷具有十分重要的意义。

11.5.1　项目背景

以某基坑为例进行土石方测量，基本精度指标要求严格按照国家相关 1∶500 地形图航摄数字化测绘的要求执行，平面采用 1954 北京坐标系，高程采用 1985 国家高程基准。

由于研究区域地形变化不大，有利于使用三维激光扫描技术进行该区域的土石方量测量。因此，在土石方量测量方案设计过程中可忽略地形变化较大而引起较大误差的问题。

在测量过程中结合布设控制点 5 个，使得控制点分布在研究区内控制不同微小地形变化处，作为本次平面测量和高程测量的控制点；并利用 RTK 获取了控制点坐标。

11.5.2　项目概况

本项目利用三维扫描仪对该基坑进行全方位的扫描（见表 11.3），将扫描的数据进行预处理，获取基坑的高精度激光点云数据，经过一系列的三维点云处理，提取该基坑的三维立体坐标。土石方量的计算是以该基坑的地形表面为基础，将其投影至特定的起算平面上，形成一定堆积面积的体积。

表 11.3 项 目 概 况

作业时间	2019 年 2 月
项目地点	某地
工作量	某一基坑（<1000m²）
作业依据	《地面三维激光扫描作业技术规程》（CH/Z 3017—2015） 《数字测绘成果质量要求》（GB/T 17941—2008）
成果需求	土石方量计算
投入设备	FARO Focus S350（1 台）；1 台 RTK；1 箱标靶球
投入人员、作业用时	外业 1 人，内业 1 人；外业扫描 0.5 天，内业处理 0.5 天

11.5.3 技术流程

本项目主要依托地面三维激光扫描仪 FARO Focus S350 获取高精度激光点云数据，满足土石方量测量的高精度需求，主要实现技术路线如图 11.35 所示。

（1）对测区进行实地踏勘，规划好仪器架站、标靶布设。

（2）架站三维激光扫描仪 FARO Focus S350，对基坑内所有可采集的表面进行全面三维扫描采集。

（3）基于点云后处理软件，将采集的激光点云进行土石方量计算。

11.5.4 数据采集

由于此基坑现场环境比较复杂，扫描时需要用到标靶球；标靶球的作用就是作为公共标识，标靶球表面涂抹的高反射材质，能很好地在软件中识别，进而快速、高精度地进行配准拼接，便于内业软件拼接处理。同时为了提高扫描质量，避免出现扫描盲区，在通视条件良好的区域设站，保证拼接精度。

本项目使用的测绘设备主要包括 FARO Focus S350，根据基坑实际情况设置好扫描参数后即可点击开始扫描，在扫描过程中应远离扫描镜头，以免人为走动造成对扫描物的遮挡。现场扫描如图 11.36 所示。

11.5.5 数据处理

1. 数据拼接与坐标转换

为了确保各类数据的共通性，有必要将其统一至同一坐标系统中。为保证最终坐标转换的精度，在统一至同一独立坐标系时，可以将各站点的扫描点云数据统一到某一站点的局部坐标系中，即在相邻的两个站点之间使用 3 个或更多的同名控制点；也可将各站点的扫描点云数据统一到成果数据要求的特定坐标系下，以确保点云数据拼接成功。

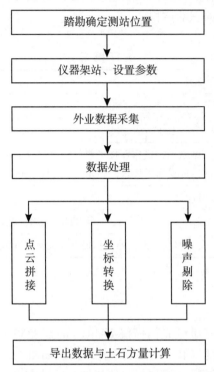

图 11.35　三维激光扫描技术在土石方量计算中的技术流程图

图 11.36　现场扫描图

　　后者是将扫描仪与常规测量仪器相结合，使用其他测量仪器获得每一测站的坐标和标靶坐标，即直接获得目标点的绝对坐标，再将各测站的坐标转换至绝对坐标系统中，该种方法不存在传递误差，其最终精度较为均匀。因此，在点云数据拼接过程中利用RTK获得绝对坐标，进而进行相应的拼接。

在相对方式中，以某一站点的坐标系为基准，将其他站点的坐标统一为该站点的坐标系；在这种方法中，不同站点之间至少需要 3 个同名的点才能做数据拼接。这种拼接方式会随着测站数量的增多，而使得转换误差逐渐增大。在绝对方式中，确定一个绝对坐标系，将扫描仪或其他测量设备获得各站数据的坐标均转为绝对坐标系；这种拼接方式没有传输误差，其最终精度比较稳定、一致。因此，通常利用RTK获得绝对坐标，再进行点云拼接。

在数据采集过程中，将标靶球放置在控制点，并通过RTK测量已获取其绝对坐标。因此本项目利用基于目标拼接的方法进行点云数据的拼接（见图 11.37），此拼接方法速度快、精度高、操作简单。拼接结果和精度报告如图 11.38 所示。

图 11.37　点云拼接

扫描结果中显示所有扫描拟合的列表，并且显示每个拼接的具体数值。该数值也可以通过交通信号灯来反映数值大小。双击列表中的拟合对象将打开属性对话框。每个拼接的拼接平均值在该表的第三列中进行计算：平均值越低，拼接结果越好。

通过该表可以轻松查看哪些拼接失败，哪些拼接结果不合格。要找出导致不合格拟合的重要参考对，可以切换到目标应力选项卡。如果结果令人不满意，可以选择对应视图或对应快速视图以修改扫描站位置或重新标示标识物。

2. 噪点去除

由于拼接和坐标转换后的点云数据还含有许多非地面点及漂浮点，故需要对点云数据进行冗余处理，将漂浮点、行人、测绘设备等非地面点数据信息过滤剔除，获得相对均匀分布的地表点，便于后期构建三角网及生成平滑、无漏洞的 DEM 模型。另外，还可对噪点去除后的点云进行赋色处理，获得该基坑的全景彩色点云。

图 11.38　拼接结果和报告

3. 数据导出

　　点云数据拼接完成后就需要将其导出，以方便在第三方软件中使用。导出的点云格式多种多样，一般常用的点云格式为 .pts，.e57，.xyz，.igs 等，这里选择 .pts 格式，导出数据如图 11.39 所示。

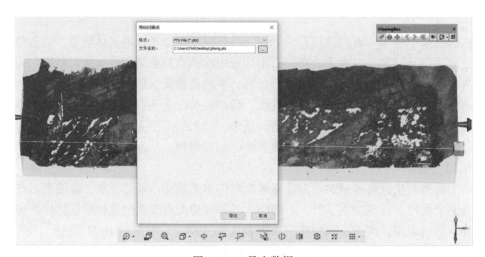

图 11.39　导出数据

11.5.6 体积、填挖方计算

1. JRC 软件介绍

JRC 3D Reconstructor 3 是由意大利 Gexcel 公司研发的一款三维点云和影像处理软件，主要功能包括点云预处理，点云编辑，点云配准，点云地理配准，三角形网格构建（构建三角网，生成等高线、DTM 等），点云与影像融合处理，创建纹理图，横断面线提取，面积、体积、填挖方体积计算，三维漫游及视频制作等。

2. 导入 JRC

将导出的点云导入 JRC 中，以进行体积计算，导入后如图 11.40 所示。

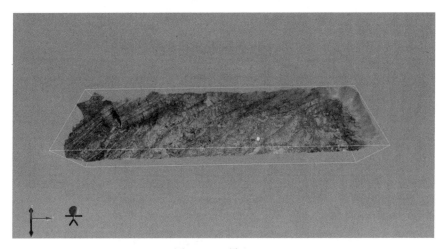

图 11.40　导入 JRC

3. 生成 DEM

以此基坑轮廓为界生成折线段，用 Alt+双击鼠标选择点云成果区域，选择点列表窗口里的【生成折现三维立体信息】功能，将区域生成折线；然后用【网格工具】里面的【生成地形网格图】，将左边的"点云"和"折线"拖拽到右边的项目选择内容中，点击【设置参数】出现【地形网格化参数】，根据成果要求选择数据，然后点击【确认生成地形网格模型】，如图 11.41 所示。

4. 体积计算

利用 JRC 软件计算此基坑体积非常方便，只需点击【计算测量与注释】的【体积计算】功能按钮，即可完成计算，并自动生成体积计算报告，计算结果如图 11.42 所示。

5. 填挖方计算

将原始地貌用扫描仪扫描的点云，生成"原始 DEM 图形 1"，填挖方之后的地貌用扫描仪扫描的点云生成"DEM 图形 2"；然后把地形填挖前后的 DEM 模型按照【测量与注释】的【计算填挖方】功能按钮进行计算（图 11.43），参数设置把原始 DEM 设

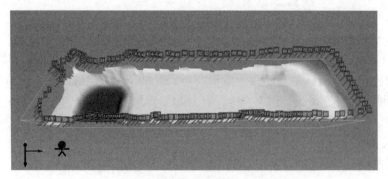

图 11.41　地形网格模型

1号基坑体积报告
体积报告
二月 23, 2019

测量日期：二月 23, 2019.
测量员名称：YAN.

处理日期：二月 23, 2019.
处理员名称：YAN.

高度参考平面：273.000000 m m。
集成表面：1 点云的地形网格 （使用多段线剪切）

体积为 4490.742568 m³

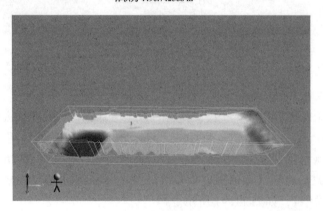

图 11.42　体积报告

置为"时间 1"，填挖后设置为"时间 2"（把左面的地形网格拖拽到右边对应选项中），选好多段线，最后生成填挖方报告（图 11.43）。

11.5.7　总结及展望

将三维激光扫描技术应用于土方测绘，借助于扫描仪厘米级甚至毫米级的点间距以及点云软件强大的海量数据处理能力和便捷的三角网构建及体积计算功能，使土石方计算的内业更加简便、高效，有力保障了成果数据极高的精确程度。可供三维浏览和重复

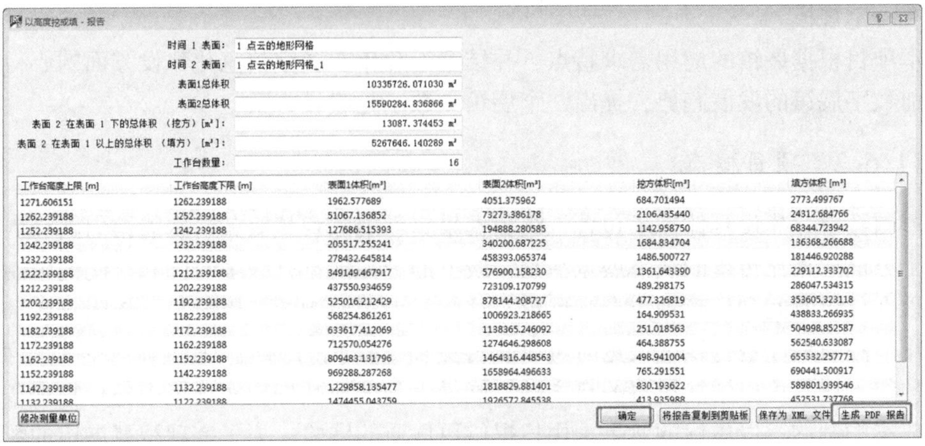

图 11.43 填挖方计算报告

操作的点云数据，在应对需求变更或成果面临争议时，能进行二次操作并提供直观的展示，具有很高的灵活性和可信度。同时，外业方面能大大降低现场人员的工作强度，缩短作业时间，提高采点质量。因此采用三维激光扫描方法测量土石方对于土石方工程甚至整个建设项目，在缩短工期、控制成本、精确计算工程费用等方面具有重要意义，值得推广应用。

三维激光扫描技术作为高效、高精度、非接触测量的技术手段，相较于传统的土石方监测方法，它实现了由"点"到"面"的突破，极大地提升了测量效率，降低了人力成本，减少了人为主观因素对测量结果的影响。并且由于其非接触测量的特性，在针对高陡土石方等不易攀爬或危险的环境中，对比传统手段，它占据了极大的优势，极大地保障了作业人员的生命安全。

11.6 背包式激光雷达在智慧展馆方面的应用

11.6.1 项目背景

当今世界已进入信息时代，以计算机网络技术为核心的信息技术在社会经济发展中正发挥着越来越重要的作用。城市展示馆作为重要的公共文化建筑，旨在成为城市形象展示的窗口、城市发展历程的缩影、市民爱乡情感的家园。随着各地城市展馆的蓬勃发展，多媒体信息技术与展馆工作逐渐融合，信息化建设已经成为当今展馆事业发展中的一项不可缺少的工作。

目前，国内对于数字展馆还没有一个完整而公认的定义，一般可以把它解释为：数字展馆是利用计算机技术，特别是信息技术、多媒体技术和网络技术，把各类展馆的收藏研究、娱乐、展示、教育等用数字化方式表现出来的展馆。数字展馆是个具有深远意义的工程，世界各国特别是信息大国与重视文化传统的国家都非常重视数字展馆的发展。我国的数字展馆虽然起步较晚，发展速度却很快，部分省级以上展馆的数字化建设已具有一定规模。

本项目根据展馆的应用需求特点，并结合近几年在展馆信息化建设方面的心得体会及当前数字展馆的发展趋势，提出一个展馆的数字化建设方案。

11.6.2 项目概况

展馆数字化建设具体需求包含三维数据采集、展览智慧服务、智能馆内路径规划服务三个方面。相比传统的线下展览活动，线上的虚拟展览打破了时间和空间的限制，用户可以在任意时间和任意地点参观展览，这就扩大了博物馆的影响力。依附于各种新技术，用户在对展厅进行线上展览时可以获得更加个性化的浏览体验。对于博物馆而言，虚拟的线上展示可以增加更多的自主性，能最大程度地减少现实环境中各种物理条件和经济成本的制约，以最优的效果为用户提供更优质的体验。为了实现智慧展馆的数字化流程，需要使用三维移动扫描系统对展馆进行数字化扫描，以捕获整个展馆建筑的数字化基础数据。而后对基础数据进行处理，上传到平台，依靠平台中集成的虚拟现实模块、智能电子导览模块，完成对展馆的数字化建设。本项目概况如表 11.4 所示。

表 11.4 项 目 概 况

作业时间	2020 年
项目地点	漳州
工作量	展馆内外建筑（35000m²）
成果需求	展览馆数字化
投入设备	1 台 VLX，1 台 M6
投入人员	外业：1 人。内业：1 人
作业用时	外业扫描 1 天；内业处理 5~7 天，平台应用 7 天

11.6.3 技术流程

背包式三维激光扫描仪整体技术流程包含前期准备（路径规划，区域划分，清场），设备准备（设备校准，清洁设备），数据采集（设备参数，开始扫描，暂停保存），数据检查（点云，全景），SiteMaker 预处理（导入数据，点云，全景），IndoorViewer 平台（发布）（图 11.44）。

11.6.4 数据采集

使用移动三维扫描系统，对展馆进行数字化扫描，采集展馆建筑的点云及全景照片（作业现场如图 11.45 所示）。点云数据作为三维建模的底层基础，全景照片作为虚拟现实和全息影像的基础，共同为平台提供底层的支持。

（1）外业采集前期准备。采集区域划分，路径规划。组装设备，并进行检查：电

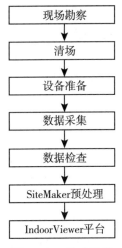

图 11.44　技术路线

图 11.45　作业现场

池、硬盘、设备检测。开机：把组装好的 VLX 水平放置地面，检测校准约 30s。保持传感器表面清洁干净，如有需要，请使用箱子里的微纤维擦布对激光雷达扫描头和相机进行擦拭。

（2）外业数据采集。首先设置工程文件，然后进入扫描界面。设置全景/拍照间距。然后开始扫描，并根据实地勘察过程中已经规划的扫描路径进行数据采集，道路拟规划的采集路径为直线不闭合型路线。扫描过程中尽可能保持匀速前行，转弯时，减缓行进速度。

（3）结束采集。先按暂停键，此时控制点采集位置变为保存界面图标，保存。

（4）数据检验。在扫描结束后，打开 DATASETS 对所采集的数据进行检验。

11.6.5　数据处理

外业数据采集结束后，首先是对扫描数据做预处理，处理内容包括解算点云、去噪、点云着色、生成全景照片，处理过程是全自动的。只有先用配套软件 SiteMaker 对扫描数据进行解析计算，才能够得到我们想要的点云数据和全景照片。

11.6.6　成果展示

（1）虚拟现实模块。该功能是平台的基础功能，即能够将点云与全景照片完整地结合，构建展馆的数字孪生模型（Digital Twin），使游客能够体验到有别于传统全景方式的沉浸交互浏览。一边是高精度的彩色点云数据，一边是高清的全景照片，游客可以在展馆中自由浏览与交互。

（2）高清全景影像自由浏览功能。突破少量全景展示特定场景的限制，可以采集并展示大量的全景影像，实现在展馆中线上自由浏览的功能，更贴近实际的浏览效果（图 11.46）。

图 11.46　全景浏览

（3）兴趣点的创建与编辑功能。利用兴趣点的创建与编辑功能，为文物展品添加文字、图片、音频、视频等介绍，丰富线上展馆的内容，提升访客游览体验满意度（图 11.47）。

（4）路径规划功能。在线上展馆使用路径规划功能，能够提前为参观实体展馆做规划，提前了解浏览的顺序和路线，支持后台对路径规划网格进行编辑（图 11.48）。

（5）分享功能。对于感兴趣的文物展品，可以通过分享功能将当前查看的文物展品视角分享给亲朋好友，邀请他人共同鉴赏。

（6）测量功能。数字化线上展厅平台具有测量功能，依靠后台具有真实坐标信息空间的点云可以实现高精度测量功能（图 11.49）。

（7）展馆智能感知管理应用。通过在该展区布设 UWB 定位基站及为工作人员配备

图 11.47 创建兴趣点

图 11.48 路径规划

UWB 标签,展馆智能感知管理系统即可通过将标签的位置数据上传到管理平台,实时监控展馆内工作人员的位置,实现线上监控。工作人员随身携带定制的 UWB 定位标签,可以从平台端实时捕获到工作人员在展馆中的位置信息,分析对文物检查的效率与细致性,加强对展馆工作人员的管理,提高工作效率。

(8) 传感器险情预警。将包括监控在内的烟雾报警器、温度计、压力计等安全传感设备接入 IndoorViewer 平台,可实时查看传感器监测数据,对建筑内进行可视化安全监管。一旦传感器监测数据超过或低于预设值,平台会自动生成相关报警信息,实现火灾预警、危险气体感应等险情预警功能。

11.6.7 总结及展望

现如今国内大部分展馆的展示模式往往还停留在单一的展品配套图文印刷品。想要

图 11.49　点云量测

将基于互联网的应用与线下展馆结合起来，起到提高服务质量、提供更好的服务的效果，大型展馆的室内空间的数字化开发和应用必将成为展馆室内数字化改进的重要一环。

室内场景慢慢进入了数字化建设时期，实现数字化的第一步就是对真实场景进行数字化还原，本项目使用全景+点云的模式实现对展馆的真实捕捉，快速建立可以线上浏览的实例，辅助线下参观体验，以线上、线下结合的参观模式，提高展馆数字化水平。

背包式移动扫描设备是专门为捕捉非暴露空间而设计的激光扫描仪器。这些系统结合了各种复杂的硬件传感器和软件科技，摆脱使用传统架站仪的烦恼，使操作员能够在行走时捕捉准确的三维数据。背包式移动扫描技术为激光扫描专业人员提供了一种更快、更灵活的方法来记录大型建筑物资产和复杂环境，如地下空间、工厂、工作场所或办公室等。

思考与练习

1. 简述地形图制图流程。
2. 在电力巡线应用项目中，Terrasolid 软件可以生产哪些成果？
3. 高精地图未来还存在哪些问题？
4. 地面式激光雷达在土石方量计算方面有哪些优势？
5. 数字展馆有哪些作用？

参 考 文 献

[1] 梁静，武永斌．三维激光扫描技术及应用 [M]．郑州：黄河水利出版社，2020.

[2] 刘光明．CGCS2000 坐标转 [M]．北京：测绘出版社，2020.

[3] 张剑清，潘励，王树根．摄影测量学 [M]．武汉：武汉大学出版社，2009.

[4] 李德仁，王树根，周月琴．摄影测量与遥感概论 [M]．北京：测绘出版社，2008.

[5] 谢宏全，韩友美，陆波，等．激光雷达测绘技术与应用 [M]．武汉：武汉大学出版社，2018.

[6] 郭明，潘登，赵有山，等．激光雷达技术与结构分析方法 [M]．北京：测绘出版社，2017.

[7] 马鹏阁，羊毅．多脉冲激光雷达 [M]．北京：国防工业出版社，2017.

[8] 张小红．机载激光雷达测量技术理论与方法 [M]．武汉：武汉大学出版社，2007.

[9] 王成，习晓环，骆社周，等．星载激光雷达数据处理与应用 [M]．北京：科学出版社，2015.

[10] 谢宏全，李明巨，吕志慧，等．车载激光雷达技术与工程应用实践 [M]．武汉：武汉大学出版社，2016.

[11] 赵兴东，徐帅．矿用三维激光数据测量原理及其工程应用 [M]．北京：冶金工业出版社，2016.

[12] 章大勇，吴文启．激光雷达/惯性组合导航系统的一致性与最优估计问题研究 [M]．北京：国防工业出版社，2017.

[13] 陈春华．价值共生：数字化时代的组织管理 [M]．北京：人民邮电出版社，2021.

[14] 王敏．欧盟《通用数据保护条例》及其合规指南 [M]．武汉：武汉大学出版社，2021.

[15] 覃辉，马超，朱茂栋，等．土木工程测量 [M]．上海：同济大学出版社，2019.

[16] 宁津生，陈俊勇，李德仁，等．测绘学概论（第三版）[M]．武汉：武汉大学出版社，2016.

[17] 赵志祥，董秀军，吕宝熊，等．地面式三维激光扫描技术与工程应用 [M]．北京：中国水利水电出版社，2019.

[18] 刘福．智能驾驶激光雷达避障光学成像系统 [J]．兵器装备工程学报，2021（11）：270-274.

[19] 陈尔学，李增元．ALOS PALSAR 影像地球椭球地理编码方法 [J]．遥感信息，2008（1）：37-42.

[20] 庞勇，李增元．基于机载激光雷达的小兴安岭温带森林组分生物量反演 [J]．植

物生态学报，2012，36（10）：109-1105.

[21] 曹林，佘光辉. 基于机载小光斑全波形 LiDAR 的亚热带林分特征反演 [J]. 林业科学，2015，51（6）：81-92.

[22] 冯益明，李增元，张旭. 基于高空间分辨率影像的林分冠幅估计 [J]. 林业科学，2006，42（5）：110-113.

[23] 庞勇，李增元，陈尔学，等. 激光雷达技术及其在林业上的应用 [J]. 林业科学，2005，41（1）：129-136.

[24] 刘浩，张峥男，曹林. 机载激光雷达森林垂直结构剖面参数的沿海平原人工林林分特征反演 [J]. 遥感学报，2018，22（5）：872-888.

[25] 周梅，李春干，代华兵. 采用林分平均高和密度估计人工林蓄积量 [J]. 广西林业科学，2017，46（3）：319-324.

[26] 郭含茹，张茂震，徐丽华，等. 基于地理加权回归的区域森林碳储量估计 [J]. 浙江农林大学学报，2015，32（4）：497-508.

[27] Fayad I, Baghdadi N, Bailly J S, et al. Regional scale rain-forest height mapping using regression-Kriging of spaceborne and airborne LiDAR data：application on French Guiana [J]. Remote Sensing, 2016, 8（3）：240.

[28] Baltsavias E P. A comparison between photogrammetry and laser scanning [J]. ISPRS Journal of Photogrammetry and Remote Sensing, 1999, 54（2-3）：83-94.

[29] 夏靖，蒋理兴，范孝忠. 机载激光雷达对地定位误差分析 [J]. 测绘科学技术学报，2011，28（5）：365-368.

[30] 张永军，熊小东，沈翔. 城区机载 LiDAR 数据与航空影像的自动配准 [J]. 遥感学报，2012，16（3）：579-595.

[31] 钟先坤，张贵和，张登波. 浅谈地理国情监测与测绘高新技术 [J]. 江西测绘，2012（1）：22-24.

[32] 罗志清，张惠荣，昊强，等. 机载 LiDAR 技术 [J]. 信息技术，2006（2）：22-25.

[33] 李松. 星载激光测高仪发展现状综述 [J]. 光学与光电技术，2004，2（6）：4-6.

[34] Pacala A, Yu T. Cost-effective LiDAR sensor for multi-signal detection, weak signal detection and signal disambiguation and method of using same：G01S 17/06 US2014211194 A1 [P]. 2014-07-31.